国家级一流专业建设系列教材
江苏省高等学校品牌专业建设工程项目资助

矿物加工专业实验

主　编　彭耀丽　李延锋
副主编　王建忠

中国矿业大学出版社
·徐州·

图书在版编目(CIP)数据

矿物加工专业实验 / 彭耀丽,李延锋主编. —徐州：
中国矿业大学出版社,2023.1

ISBN 978-7-5646-5140-4

Ⅰ.①矿… Ⅱ.①彭… ②李… Ⅲ.①选矿－方法
Ⅳ.①TD92

中国版本图书馆 CIP 数据核字(2021)第 194293 号

书　　名	矿物加工专业实验
主　　编	彭耀丽　李延锋
责任编辑	褚建萍
出版发行	中国矿业大学出版社有限责任公司
	（江苏省徐州市解放南路　邮编 221008）
营销热线	(0516)83884103　83885105
出版服务	(0516)83995789　83884920
网　　址	http://www.cumtp.com　E-mail:cumtpvip@cumtp.com
印　　刷	江苏淮阴新华印务有限公司
开　　本	787 mm×1092 mm　1/16　印张 10.25　字数 210 千字
版次印次	2023 年 1 月第 1 版　2023 年 1 月第 1 次印刷
定　　价	35.00 元

（图书出现印装质量问题,本社负责调换）

前　言

目前，全国约40所高校开设矿物加工工程专业，培养从事煤炭、有色金属、黑色金属、非金属、化工原料、建材等领域的矿物加工高级工程技术人才。各高校围绕各自特色开展了卓越工程师培养计划、专业综合改革、一流本科专业建设等本科教学质量工程建设，有力地提升了人才培养质量。虽然各高校的培养目标有差异，教学体系和课程设置侧重点不同，但矿物加工的原理与方法是相同的。矿物加工工程专业是工程实践性非常强的专业，随着矿物加工工程学科内涵的不断拓展，其知识体系和服务领域大大拓宽。通过专业实验教学，学生可加深对专业基础理论的理解，提升实践能力。

《矿物加工专业实验》包含了矿物加工工程专业基础性实验和综合性实验两大类，共34个实验项目，分为煤样的制备、破磨、筛分实验，重力选矿实验，磁电选矿实验，浮游分选实验，固液分离实验，煤化学实验及矿物岩石学实验等七部分，内容涵盖矿物加工原理和方法实验、煤化学实验以及矿物岩石学实验三个板块。实验设计重在强化学生对各种矿物加工方法的基本原理、技术及设备的理解及应用。

本书中多数实验项目是编者根据专业知识设计并优化而成的，一些基础性实验操作以最新的行业标准为准则。进行实验设计时重视实验数据处理和实验安全，确保实验项目的开展快捷准确。

本书由中国矿业大学彭耀丽、李延锋担任主编，内蒙古科技大学王建忠担任副主编，叶瓘玲、李永改、梁龙、江海深、倪超、邢耀文等多年指导矿物加工专业实验的老师为教材编写提供了素材。全书由彭耀丽负责最终修改和整理。

本书的编写得到了中国矿业大学教务部、化工学院及矿物加工专业教研室的领导和老师们的大力支持，编者谨向他们表示真诚的感谢！

由于编者水平所限，书中疏漏和不妥之处在所难免，恳请读者批评指正。

编　者
2022年7月

目 录

第一章 煤样的制备、破磨、筛分实验 ... 1
   实验一 煤样的制备实验 ... 1
   实验二 细粒物料粒度组成筛分实验 ... 6
   实验三 磨矿细度测定实验 ... 10

第二章 重力选矿实验 ... 13
   实验四 矿粒自由沉降及形状系数测定实验 ... 13
   实验五 干扰沉降实验 ... 16
   实验六 淘析法水析实验 ... 20
   实验七 跳汰选煤实验 ... 24
   实验八 细粒物料摇床分选实验 ... 27
   实验九 螺旋分选实验 ... 31
   实验十 旋流器分选实验 ... 35
   实验十一 粒群密度组成测定与物料可选性分析 ... 37

第三章 磁电选矿实验 ... 45
   实验十二 散体物料磁性物含量测定 ... 45
   实验十三 微细物料的摩擦电选实验 ... 48
   实验十四 涡电流分选实验 ... 51

第四章 浮游分选实验 ... 56
   实验十五 接触角测定实验 ... 56
   实验十六 矿物颗粒 Zeta 电位测定实验 ... 59
   实验十七 煤泥可浮性实验 ... 66
   实验十八 煤泥浮选速度实验 ... 74
   实验十九 煤泥分步释放浮选实验 ... 77
   实验二十 磁铁矿反浮选提铁降硅实验 ... 83
   实验二十一 微细矿物油团聚分选实验 ... 87

第五章　固液分离实验 ·· 90
　　实验二十二　煤泥水沉降速度实验 ································ 90
　　实验二十三　悬浮液的过滤脱水实验 ······························· 95
　　实验二十四　转筒法煤炭泥化实验 ································ 99

第六章　煤化学实验 ·· 103
　　实验二十五　煤中全水分的测定实验 ······························· 103
　　实验二十六　微波干燥测定煤中全水分的实验 ························ 108
　　实验二十七　煤的工业分析 ······································ 110
　　实验二十八　库仑滴定法测量煤中全硫含量的实验 ···················· 119
　　实验二十九　煤炭发热量的测定 ·································· 122
　　实验三十　　烟煤黏结指数的测定 ································ 126

第七章　矿物岩石学实验 ······································ 130
　　实验三十一　矿物的肉眼鉴定实验 ································ 130
　　实验三十二　显微镜下矿物含量的测定实验 ·························· 134
　　实验三十三　矿物嵌布粒度测定实验 ······························ 140
　　实验三十四　单体解离度测定实验 ································ 145

附录 ·· 149
　　附录A　实验报告编写提纲 ······································· 149
　　附录B　在双坐标系下绘制分步释放浮选曲线图 ······················ 149
　　附录C　磁铁矿反浮选实验药剂配制及使用 ·························· 155

参考文献 ·· 157

第一章 煤样的制备、破磨、筛分实验

实验一 煤样的制备实验

一、实验目的
(1) 熟悉煤样制备的过程和基本要求；
(2) 掌握煤样制备的方法。

二、实验原理

1. 煤样制备的意义

煤样制备是指煤样按照规定程序减小粒度和数量的过程。

由于煤的均匀性差，为保证所采煤样具有代表性，采集来的煤样必须经过一定的制样程序(破碎、筛分、混合、缩分、干燥等)，减小煤样的粒度和数量，使煤样既满足各项具体实验对粒度和质量的要求，又与原煤样在物质组成和理化性质方面保持一致，即煤样具有代表性。

煤样的制备是各种实验的基础和前提，如煤样制备不当，就会失去代表性，实验结果失去意义。

2. 煤样制备的工序及设备

煤样制备前应了解该样品将要进行几类和几个实验、每个实验对样品的粒度和质量的要求，然后根据要求编制缩分制样流程。该流程一般包括破碎、筛分、混合、缩分和空气干燥等工序。按照《煤样的制备方法》(GB/T 474—2008)的要求进行操作，可以保证煤样制备和分析的总精度。

(1) 破碎

破碎的目的是减小煤样的粒度，增加不均质的分散程度，是保证煤样代表性并减少其质量的准备工作。

(2) 筛分

煤样破碎后要进行筛分。筛分的目的是将未破碎至规定粒度的煤粒分离出来再破碎，从而使煤样全部达到所要求的粒度，增加煤样的分散度以降低制样误差。

(3) 混合

煤样的混合是根据规定将煤样混合均匀的过程。混合是堆锥四分法和九点法缩分煤样必需的环节。若用二分器或机械缩分则无须混合工序。

煤样混合的规定：混合煤样时通常采用堆锥法。堆掺工作重复三次，即可认为粒度分布均匀，可以进行下一步缩分工序。

(4) 缩分

煤样的缩分是保持粒度组成不变、按规定减少煤样数量的过程。

煤样的缩分方法分为人工缩分法(包括堆锥四分法、方格法和九点法)和机械缩分法(包括二分器法、EPS $\frac{1}{8}$ 型破碎缩分机法、HQ-I 型圆锥式破碎缩分机法等)。

本实验主要对堆锥四分法、方格法及二分器法进行介绍。

① 缩分后实验的最小质量

煤样的粒度越大，煤样的均匀性和代表性就越差。因此，煤样粒度越大，要保证煤样的代表性所需的质量就越大。根据数理统计原理，为保证煤样的代表性，煤样粒度与质量的关系如表 1-1-1 所示。

表 1-1-1 缩分后总样最小质量

标称最大粒度/mm	一般和共用煤样最小质量/kg	全水分煤样最小质量/kg	粒度分析煤样最小质量/kg	
			精密度：1%	精密度：2%
150	2 600	500	6 750	1 700
100	1 025	190	2 215	570
80	565	105	1 070	275
50	170	35	280	70
25	40	8	36	9
13	15	3	5	1.25
6	3.75	1.25	0.65	0.25
3	0.7	0.65	0.25	0.25
1.0	0.10	—	—	—

说明：标称最大粒度是指与筛上物累计质量百分率最接近(但不大于)5%的筛子相应的筛孔尺寸。

② 堆锥四分法

堆锥四分法是一种比较方便的方法，其操作过程如图 1-1-1 所示。

为保证缩分精密度，堆锥时，应将煤样分成若干小份，分别从样堆顶部撒下，使之从顶到底、从中心到外缘形成有规律的粒度分布，并至少倒堆 3 次。摊饼时，应从上到下逐渐拍平或摊平成厚度适当的扁平体。分样时，用缩分板将扁平体从上到底部"十字"均匀等分成 4 个扇形体。将相对的两个扇形体舍弃，另两

第一章 煤样的制备、破磨、筛分实验

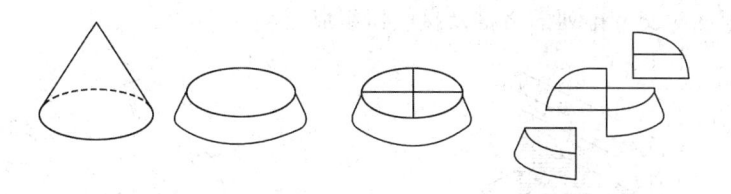

图 1-1-1 堆锥四分法

个扇形体留下继续重复上述混合及缩分步骤。

堆锥四分法应用范围广泛,操作简单,对工具要求低。但由于存在粒度离析现象,人为操作因素影响大,操作不当会产生较大误差。通常在工具要求低、煤样品种复杂、煤样不潮湿的情况下使用该缩分方法。

备注:颗粒离析现象是指混合物料中,颗粒由于物性相同发生聚集进而引起物料相互分离的现象。

③ 方格法

方格法又称棋盘法(图 1-1-2),是将煤样反复混合 3 遍后铺成厚度不大于煤样标称最大粒度 3 倍且均匀的长方体,沿长、宽各画几条正交的平行线,将煤样分成多个方格区。缩分取样时,在每个格区内各取一小部分煤样,最后合并构成实验煤样。各点所取的质量应大体相等,每点所取的质量依所需样量而定。

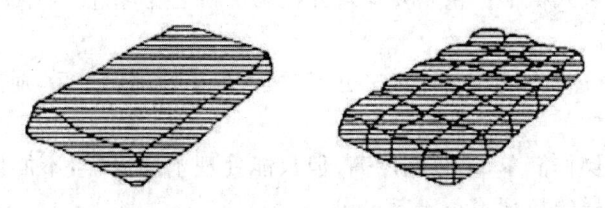

图 1-1-2 方格法

为了保证取样的准确性,必须做到以下几点:一是方格要画匀;二是每格取样量要大致相等;三是每铲都要铲到底。

此法操作简单,但误差大,取样准确性不易保证。此法一般用于粒度在 5 mm 以下的细粒煤样缩分。此法由于可同时分出多个小份煤样,常用于取化学分析煤样和浮选煤样。对于外在水分较高、堆锥时难以分散的煤样也常用此法缩分。

④ 二分器法

二分器法是一种简单的机械缩分法。二分器结构示意图如图 1-1-3 所示。

它由两组相对交叉排列的格槽及接收器组成。

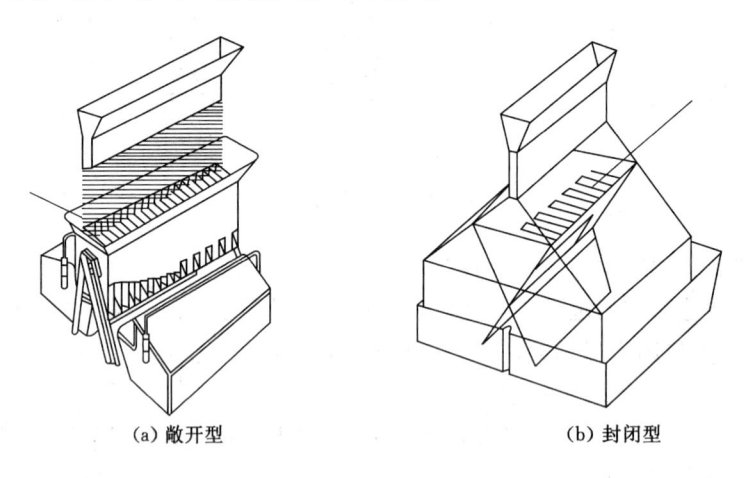

(a) 敞开型　　　　　　　　　(b) 封闭型

图 1-1-3　二分器结构示意图

两侧格槽数相等,每侧至少 8 个。格槽开口尺寸至少为煤样标称最大粒度的 3 倍,但不能小于 5 mm。格槽对水平面的倾斜度至少为 60°。为防止粉煤和水分损失,接收器与二分器主体应配合严密,最好是封闭型。

使用二分器缩分煤样,缩分前可不混合。缩分时,应使煤样呈柱状沿二分器长度来回摆动供入格槽。供料要均匀并控制供料速度,勿使煤样集中于某一端,防止发生格槽阻塞。

当缩分需分几步或几次通过二分器时,各步或各次通过后,应交替从两侧接收器中收取留样。

二分器法操作简单,缩分精度高,但只能处理干燥煤样,不能处理水分过大煤样。处理煤样的粒度不小于 5 mm。

三、仪器设备及材料

(1) 取样铲,小型砸样锤,缩分板,制样毛刷,物料盆,试样袋。

(2) 标准套筛:直径 200 mm 且孔径 3 mm、0.25 mm、0.074 mm 的筛子,筛底,筛盖。

(3) 托盘天平 1 台(量程为 200~500 g,感量 0.1 g),二分器。

(4) 6~0.5 mm 散体矿样若干(煤、石英砂、磁铁粉均可,约 1 kg/组)。

(5) 制样机,拍击式振筛仪。

四、实验步骤与操作

(1) 首先确定标称最大粒度为 3 mm 所需要的一般煤样最小质量(查表 1-1-1)。本实验取煤样约 700 g。

（2）从总样中均匀取出大于步骤（1）所计算出的最小质量要求的煤样，一般应取整数。

注意：取样前要对总样进行混匀。

（3）按照煤样制备流程（图 1-1-4）进行制样。将煤样在实验台上用砸样锤砸均匀，采用孔径为 3 mm 筛子进行筛分，筛上物料返回到实验台再砸，直至所有样品均过 3 mm 筛子。

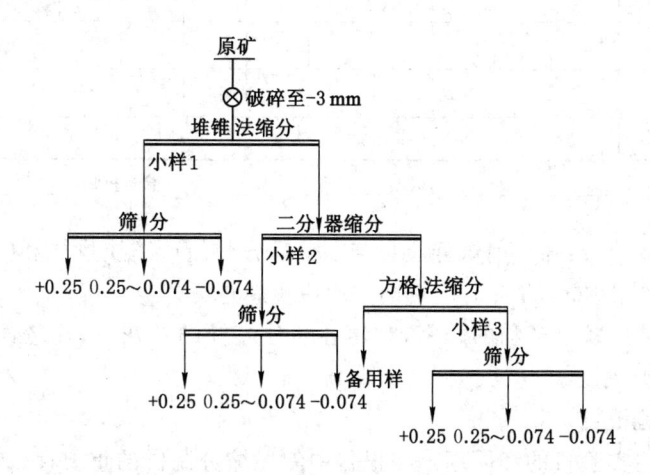

图 1-1-4　煤样制备流程

（4）将煤样混匀至少 3 遍，然后分别按照堆锥四分法、方格法和二分器法取煤样 100 g 左右。

（5）将每种煤样采用孔径分别为 0.25 mm 和 0.074 mm 的筛子进行筛分，为了加快筛分过程可使用拍击式振筛仪进行筛分。

（6）筛完后，逐级称重、记录，将各粒级产物缩分，用制样机制成化验样，装入试样袋进行化验分析。

（7）关闭电源，整理仪器及实验场所。

五、实验中注意事项

（1）实验过程中物料一定要混合均匀。

（2）严格按照各种缩分方法的操作规范进行缩分物料，同时注意各种方法的适用范围。

六、实验数据记录及整理

（1）将实验数据和计算结果填入表 1-1-2 中。

表 1-1-2 煤样制备实验结果记录表

粒度 /mm	总样筛分			堆锥四分法			方格法			二分器法		
	质量/g	产率/%	灰分/%	质量/g	产率/%	灰分/%	质量/g	产率/%	灰分/%	质量/g	产率/%	灰分/%
+0.25												
0.25~0.074												
−0.074												
合计												
误差分析												

实验人员：_____ 日期：_____ 指导教师：_____

（2）误差分析：筛分前煤样质量与筛分后各粒级产物质量之和的差值，不得超过筛分前煤样质量的 2.5%，否则实验应重新进行。

（3）计算各粒级产物的产率，对比各缩分煤样的总灰分，比较误差大小，并找出可能的原因。

七、实验报告

（1）简述实验目的和原理。在报告中叙述缩分制样的重要性、制样流程、几种常用缩分方法、实验数据记录、误差分析及数据分析。

（2）完成思考题及实验小结。

八、思考题

（1）影响煤样缩分代表性的因素有哪些？实验过程中如何减小这些因素的影响？

（2）简述堆锥四分法、二分器法和方格法各自的优缺点及适用范围。

（3）查阅文献了解矿浆是如何缩分的，如何保证缩分样品的代表性。

实验二 细粒物料粒度组成筛分实验

一、实验目的

（1）学习使用振筛仪对物料进行湿法筛分和干法筛分的方法；

（2）通过实验掌握各粒度级产率及累计产率的计算方法，从而确定物料的粒度特性；

（3）学习利用筛分实验结果进行粒度特性曲线分析。

二、实验原理

1. 筛分的目的和意义

煤的筛分实验是测定煤样粒度组成和各粒级质量的一种基本方法。通过筛分实验,可了解煤的粒度组成和各粒级产物的特征(包括灰分、水分、挥发分、硫分、发热量等)。

筛分实验一般分为大筛分实验和小筛分实验两种。对粒度大于 0.5 mm 的煤炭进行的筛分实验称为大筛分实验。对粒度小于 0.5 mm 的煤炭进行的筛分实验称为小筛分实验。

筛分实验根据《煤炭筛分试验方法》(GB/T 477—2008)制定。

2. 筛分过程物料的行为特征

松散物料的筛分过程主要包括两个阶段:一是易于穿过筛孔的颗粒穿过不能穿过筛孔的颗粒所组成的物料层到达筛面;二是到达筛面的颗粒透过筛孔。

要实现上述两个阶段,物料在筛面上应具有适当的相对运动。一方面物料和筛子的相对运动促使筛面上的物料层处于松散状态,从而使物料层可按粒度分层,大颗粒位于上层,小颗粒位于下层,易于到达筛面,并透过筛孔;另一方面,物料和筛子的相对运动促使堵在筛孔上的颗粒脱离筛面,有利于其他颗粒透过筛孔。

根据概率理论可以证明,筛分实验中小于 3/4 筛孔尺寸的颗粒,很快透过筛孔进入筛下,叫作易筛粒;小于筛孔尺寸但大于 3/4 筛孔尺寸的颗粒,且越接近筛孔尺寸,透过筛孔所需的时间越长,叫作难筛粒;大于筛孔尺寸的颗粒,不能透过筛孔到达筛下,叫作阻碍粒。

3. 计算公式

(1) 通常用筛分效率 E 来衡量筛分效果,其计算公式如下:

$$E = \frac{\beta(\alpha-\theta)}{\alpha(\beta-\theta)} \quad (1\text{-}2\text{-}1)$$

式中 E——筛分效率,%;

α——入料中小于规定粒度的细粒含量,%;

β——筛下物中小于规定粒度的细粒含量,%;

θ——筛上物中小于规定粒度的细粒含量,%。

(2) 筛孔尺寸与筛下产品最大粒度的关系如下:

$$d_{最大} = K \cdot D \quad (1\text{-}2\text{-}2)$$

式中 $d_{最大}$——筛下产品最大粒度,mm;

D——筛孔尺寸,mm;

K——形状系数(表 1-2-1)。

表 1-2-1　K 值表

孔形	圆形	方形	长方形
K 值	0.7	0.9	1.2～1.7

三、仪器设备及材料

(1) 湿式振筛仪,拍击式振筛仪。

(2) 标准套筛:直径 200 mm 且孔径 0.5 mm、0.25 mm、0.125 mm、0.074 mm、0.045 mm 的筛子,筛底,筛盖。

(3) 托盘天平 1 台(量程为 200～500 g,感量 0.1 g)。

(4) 物料盘,搪瓷盆,洗瓶,玻璃棒,制样铲,毛刷,试样袋等。

(5) −0.5 mm 煤样 300 g/组。

四、实验步骤与操作

1. 仪器设备的使用

(1) 学习设备操作规程,熟悉实验系统。

(2) 接通电源,打开拍击式振筛仪电源开关,检查设备运行是否正常,确保实验顺利进行及人机安全。

2. 湿法小筛分实验

(1) 将烘干的煤样缩分并称取 100 g,把煤样倒入烧杯中,加入少量清水,用玻璃棒充分搅拌使煤样完全润湿。

(2) 将孔径最小的筛子(0.045 mm)固定在湿式振筛仪上,湿式振筛仪上放置一搪瓷盆,调整盆的高度及加水的液面,使筛面及以上 1/3 没入水中。

(3) 煤样润湿后,倒入筛面,开动湿式振筛仪。

(4) 尽量在第一个盆中筛净,然后换第二盆水,依次筛分至水清为止。

(5) 筛完后,筛上物倒入物料盘中,用清水冲洗粘在筛子上的筛上物。

(6) 筛下的煤泥水待澄清后,用虹吸管取清水(勿使煤泥吸出以免造成损失),沉淀的煤泥过滤后放入另一个物料盘内。

(7) 筛上物和筛下物分别放入温度不高于 75 ℃ 的恒温箱内烘干。

(8) 烘干后煤样按照干法筛分步骤检查筛分。

3. 煤粉干法小筛分实验

(1) 将烘干散体煤样缩分并称取 100 g。

(2) 将所需筛孔的套筛按顺序(从上到下筛孔依次减小)组合好,将煤样倒入最上层套筛。

(3) 把套筛置于拍击式振筛仪上,固定好;开动机器,每隔 5 min 停下机器,用手筛检查一次。检查时,依次由上至下取下筛子放在搪瓷盆上用手筛 1 min,

筛下物的质量不超过筛上物质量的1%,即筛净。筛下物倒入下一粒级中,依次检查各粒级。

(4) 筛完后,逐级称重、记录,将各粒级产物缩制成化验样,装入试样袋进行化验分析。

(5) 关闭总电源,整理仪器及实验场所。

五、实验中注意事项

(1) 干法筛分时,筛子应按筛孔从上至下依次减小顺序排列,不得错位。

(2) 使用拍击式振筛仪时,筛盖一定拧紧压实,筛分过程中不得松动,避免物料损失。

(3) 如果使用的拍击式振筛仪有定时功能,务必振筛结束后先将定时旋钮归位,再拿下筛子称重。

(4) 湿法筛分时,不能让盆中水没过筛框,湿式振筛仪激振力也不要过大,以免大粒度物料混入筛下产品中。

六、实验数据记录及整理

(1) 将实验数据填入表1-2-2中,并进行相应计算。

表 1-2-2 细粒物料粒度组成筛分实验结果表

煤样名称:_____   煤样质量:_____ g   煤样灰分:_____%

粒度 /mm	质量 /g	产率 /%	灰分 %	正累计 产率/%	正累计 灰分/%	负累计 产率/%	负累计 灰分/%
+0.500							
0.500~0.250							
0.250~0.125							
0.125~0.074							
0.074~0.045							
-0.045							
合计							
误差分析							

实验人员:_____   日期:_____   指导教师:_____

(2) 误差分析

① 筛分前煤样质量与筛分后各粒级产物质量之和的差值,不得超过筛分前煤样质量的2.5%,否则实验应重新进行。

② 灰分误差分析

A. 煤样灰分小于 20% 时,相对误差不得超过 ±5%

$$\left|\frac{A_d - \overline{A}_d}{A_d}\right| \times 100\% \leqslant 5\% \tag{1-2-3}$$

B. 煤样灰分大于或等于 20% 时,绝对误差不得超过 ±1%

$$|A_d - \overline{A}_d| \leqslant 1\% \tag{1-2-4}$$

式中　A_d——筛分前煤样灰分,%;

　　　$\overline{A}_d$——筛分后各粒级产物的加权平均灰分,%。

(3) 计算各粒级产物的产率及累计产率。

七、实验报告

(1) 简述实验目的和原理。在报告中叙述实验过程和实验数据的计算过程,并进行误差分析。

(2) 绘制粒度特性曲线:直角坐标(累计产率为纵坐标,粒度为横坐标)、半对数坐标(累计产率为纵坐标,粒度的对数为横坐标)、全对数坐标(累计产率的对数为纵坐标,粒度的对数为横坐标)。

(3) 分析煤样的粒度分布特性。

(4) 在粒度特性曲线上查出累计产率为 75% 对应的粒度。

(5) 完成思考题及实验小结。

八、思考题

(1) 影响筛分效果的因素有哪些?细粒物料湿法筛分与干法筛分的效率有何差别?

(2) 如何根据累计粒度特性曲线的几何形状对粒度组成特性进行大致的判断?

(3) 举出几种其他的微细物料粒度分析方法,并说明其基本原理和优缺点。

实验三　磨矿细度测定实验

一、实验目的

(1) 了解实验室干式棒磨机和湿式球(棒)磨机的基本原理和结构;

(2) 学习磨矿细度的概念、测定方法及实际生产意义;

(3) 强化物料磨矿细度与磨矿时间之间的非线性关系。

二、实验原理

磨矿细度是指物料小于某一指定粒度(一般为 200 网目)的百分含量。通过磨矿实验来测定磨矿时间与磨矿细度之间的关系,为判断磨矿时间提供依据。

将一定数量的平行煤样(或矿样)在所需的磨矿条件下(相同的磨机、相同的介质材料、相同的介质数量和大小、相同的磨机转速），依次进行不同时间的磨矿，然后将每次的磨矿产物用套筛进行筛分，建立磨矿时间与磨矿细度的关系，从而找出将物料磨到目标细度（如按－74 μm 含量计算）所需要的磨矿时间 T。磨矿细度测定曲线如图 1-3-1 所示。

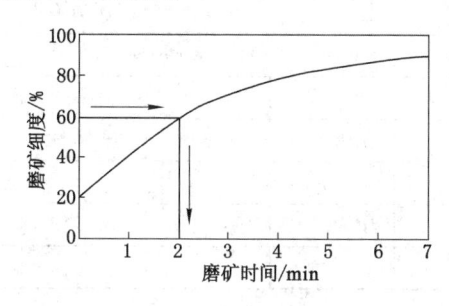

图 1-3-1　磨矿细度测定曲线

三、仪器设备及材料

（1）仪器：XMB 型三辊四筒棒磨机，孔径 0.074 mm 标准套筛（直径 200 mm），振筛机，天平。

（2）工具：试样盘（盆），毛刷，试样铲，缩分器，缩分板，秒表，试样袋，卷尺。

（3）材料：3～0.5 mm 煤样或矿样。

四、实验步骤与操作

（1）熟悉设备的操作规程，认识三辊四筒棒磨机的组成机构；掌握如何装料、出料，了解操作过程中的注意事项，减少实验误差。

（2）检查所用磨矿设备是否运转正常，确保实验过程顺利进行和人机安全。

（3）缩制 3 份平行样（烘干样），每份 100 g 待用。

（4）依次将每份试样装入磨机，并装入钢棒，进行磨碎，磨碎时间分别为 $T_1, T_2, T_3, \cdots$（一般建议确定为 8 min、12 min 和 20 min）。

（5）将磨矿产品全部清理收集，用标准套筛筛分。

（6）对每一粒级进行称重，记录相关数据。

（7）清理实验设备，整理实验场所。

五、实验中注意事项

（1）实验过程应保证每次磨矿入料的性质（入料粒度组成、物料类型等）相同。

（2）实验过程应保证每次磨矿的条件（同一台球磨机、转动速度、钢棒数量、钢棒直径）相同。

（3）每次磨矿结束应将磨矿机清理干净，磨矿产品全部进行筛分。

（4）每次筛分一定要筛净。

六、实验数据记录及整理

(1) 将实验数据和计算结果分别填入表 1-3-1、表 1-3-2 中。

表 1-3-1　磨碎实验数据记录表

样品名称：_____　　　　　　　　　　样品粒度范围：_____

粒度级/mm	磨矿时间/min					
	质量/g	产率/%	质量/g	产率/%	质量/g	产率/%
+0.074						
−0.074						
合计						

工况条件：内部滚筒尺寸 φ_____；磨棒尺寸_____；磨棒根数_____。

表 1-3-2　磨碎实验数据误差分析表

磨矿时间 T/min			
磨矿后各粒级质量之和/g			
入料质量/g			
误差			

实验人员：_____　　日期：_____　　指导教师：_____

(2) 按照式(1-3-1)计算磨矿细度 f。

$$f = \frac{\text{筛下产品质量}}{\text{筛下产品质量} + \text{筛上产品质量}} \times 100\% \qquad (1\text{-}3\text{-}1)$$

七、实验报告

(1) 简述实验目的和原理，辨析磨矿细度与粒度，在报告中叙述实验过程。
(2) 计算不同时间下 −0.074 mm 的磨矿细度。
(3) 绘制 −0.074 mm 的磨矿细度与磨矿时间的关系曲线，获得该煤样磨矿细度(−0.074 mm)测定曲线。
(4) 从图中查出新生成的细度 −200 网目为 60% 的磨矿时间(假设入料中不含有 −200 网目的颗粒)。
(5) 完成思考题及实验小结。

八、思考题

(1) 本实验过程中，如何保证各次磨矿结果的可比性？
(2) 简述闭路磨矿和开路磨矿的概念及两种磨矿方式的特点。
(3) 影响干法磨矿效果的因素有哪些？

第二章 重力选矿实验

实验四 矿粒自由沉降及形状系数测定实验

一、实验目的

(1) 观察矿粒自由沉降现象并掌握测定矿粒自由沉降末速 v_0 的方法;

(2) 理解形状系数的意义,学会计算形状系数的方法。

二、实验原理

1. 矿粒沉降末速的测定

该实验研究单个矿粒在广阔空间中独立沉降的现象。此时矿粒只受重力、介质浮力和阻力作用。

矿粒在静止介质中沉降时,矿粒对介质的相对速度即为矿粒的运动速度。沉降初期,矿粒运动速度很小,介质阻力也很小,矿粒主要在重力作用下,做加速沉降运动。随着矿粒沉降速度的增大,介质阻力渐增,矿粒的运动加速度逐渐减小,直至为零。此时,矿粒的沉降速度达到最大值,作用在矿粒上的重力与阻力平衡,矿粒以某一速度等速沉降,这个速度被称为矿粒的沉降末速,以 v_0 表示。

测定矿粒沉降末速的装置如图 2-4-1 所示。其主体为内径 100~200 mm 的有机玻璃管,加料口在溢流堰上端。在沉降管下端的法兰连接处放有筛网,可根据煤样粒度更换不同的筛网。立管高度为 1 200~1 500 mm。排料口尺寸大于实验中煤样的最大粒度,一般为 10 mm。

通常,我们研究不规则的矿粒,必须考虑矿粒的形状影响。研究表明,矿粒的形状系数 ϕ 和等体积的球体的球形系数 χ 相近。因此在粗略计算时,可以用矿粒的球形系数 χ 代替形状系数 ϕ。

2. 计算公式

(1) 矿粒自由沉降末速 v_0

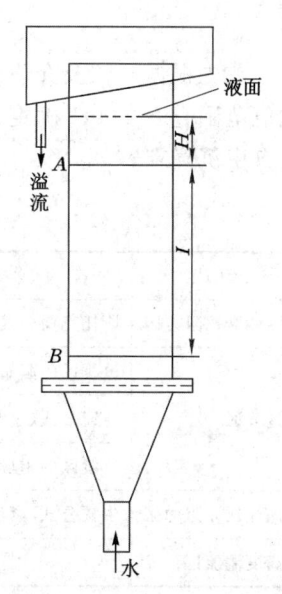

图 2-4-1 自由沉降管示意图

$$v_0 = \frac{H}{t} \qquad (2\text{-}4\text{-}1)$$

式中 v_0——矿粒实际自由沉降末速,cm/s;

H——矿粒自由沉降经过的距离,cm;

t——矿粒经过距离 H 所需要的时间,s。

（2）矿粒体积当量直径

$$d_V = \left(\frac{6\sum M}{\pi n \delta}\right)^{1/3} \qquad (2\text{-}4\text{-}2)$$

式中 d_V——矿粒体积当量直径,cm;

$\sum M$——n 个矿粒的总质量,g;

δ——矿粒的密度,g/cm³;

n——实验用矿粒数目。

（3）无因次参数 $Re^2\psi$

$$Re^2\psi = \frac{\pi d_V^3 (\delta - \rho)\rho g}{6\mu^2} \qquad (2\text{-}4\text{-}3)$$

式中 ρ——介质的密度(水取 1),g/cm³;

μ——水的黏度,取 0.01 P[1 P=1 g/(s·cm)]。

（4）球形颗粒在静止介质中的自由沉降末速 $v_{0球}$

$$v_{0球} = k d^x \left(\frac{\delta - \rho}{\rho}\right)^y \left(\frac{\rho}{\mu}\right)^z \qquad (2\text{-}4\text{-}4)$$

首先根据矿粒及介质的性质按式(2-4-3)计算无因次参数 $Re^2\psi$ 值,再根据此值范围查表 2-4-1 确定式(2-4-4)中的系数,最后计算出与矿粒等体积的球体的自由沉降末速 $v_{0球}$。

表 2-4-1 应用范围及计算公式

流态区	公式名称	k	x	y	z	$Re^2\psi$
黏性摩擦阻力区	斯托克斯公式(层流绕流)	54.5	2	1	1	0～5.25
过渡区	过渡区的起始段	23.6	3/2	5/6	2/3	5.25～720
	阿连公式(过渡区的中间段)	25.8	1	2/3	1/3	720～2.3×10⁴
	过渡区的末段	37.2	2/3	5/9	1/9	2.3×10⁴～1.4×10⁶
涡流压差阻力区	牛顿公式(紊流绕流)	54.2	1/2	1/2	0	1.4×10⁶～1.7×10⁹
高度湍流区	$Re > 2 \times 10^5$ 工业生产中遇不到					

(5) 矿粒的球形系数 χ

$$\chi = \frac{v_0}{v_{0球}} \qquad (2\text{-}4\text{-}5)$$

式中　χ——矿粒的球形系数，接近于矿粒的形状系数 ϕ；

　　　$v_{0球}$——与矿粒等体积的球体的自由沉降末速，由球形颗粒在静止介质中的自由沉降末速公式计算得出。

三、仪器设备及材料

(1) 自由沉降管（图 2-4-1）：有机玻璃柱，直径 100 mm，高度 1 200 mm。

(2) 秒表，钢卷尺，镊子。

(3) 工业天平：感量 0.01 g。

(4) 石英砂：粒度为 0.56～0.50 mm，密度为 2.65 g/cm³。

四、实验步骤与操作

(1) 将沉降管垂直紧固在支架上，用塞子将排料口塞紧，使管内注满水，排掉气体。在管的上端某位置画出一记号 A（该记号距离液面有一定高度，$h > 100$ mm），自记号向下量出 $l = 1\,000$ mm，再画一记号 B。

(2) 从备好的煤样中取出 20 粒（粒度大小均匀），称质量。用镊子将矿粒逐个从管中央放入水中，同时用秒表测出每个矿粒经过 AB（1 000 mm）距离所用时间 t_i，然后用式（2-4-6）算出矿粒沉降的平均时间 $t_{平均}$。

$$t_{平均} = \frac{t_1 + t_2 + t_3 + \cdots + t_n}{n} \qquad (2\text{-}4\text{-}6)$$

式中　$t_{平均}$——n 次实验通过 AB 距离的算术平均时间，s。

(3) 根据式（2-4-1）求出矿粒实际自由沉降末速 v_0。

(4) 计算与矿粒等体积的球体的自由沉降末速 $v_{0球}$。

五、实验中注意事项

(1) 实验过程中不准摇动沉降管。

(2) 用镊子将矿粒放入沉降管时，矿粒离液面越近越好，但每次矿粒放入管中的距离应基本一致。

(3) 计时、记录要有专人负责。

(4) 计算时注意单位换算。

六、实验数据记录及整理

(1) 将实验数据及结果记录于表 2-4-2 中。

(2) 根据公式分别计算 v_0 和 $v_{0球}$。

(3) 根据式（2-4-5）计算颗粒的球形系数。

表 2-4-2　矿粒自由沉降实验报告表

样品编号	矿样性质 密度 δ /(g/cm³)	矿样性质 当量直径 d_V/cm	沉降高度 H 所需时间 t_i/s	平均时间 /s	实际沉降末速 v_0 /(cm/s)	$Re^2\psi$	公式计算 $v_{0球}$ /(cm/s)	球形系数 χ
1								
2								
⋮								
n								

实验人员：_____　　日期：_____　　指导教师：_____

七、实验报告

(1) 简述实验原理及主要实验过程。
(2) 整理实验数据，完成表 2-4-2。
(3) 求得矿粒的球形系数(接近于形状系数)。
(4) 完成思考题及实验小结。

八、思考题

(1) 研究颗粒形状系数的实际意义是什么？
(2) 试推导球形颗粒在静止介质中自由沉降末速 v_0 的计算公式。

实验五　干扰沉降实验

一、实验目的

(1) 观察和研究异类粒群在上升水流中的悬浮分层现象和规律；
(2) 验证干扰沉降分层的临界水速公式，加深对干扰沉降基本规律的理解。

二、实验原理

异类粒群的悬浮分层有两种观点：里亚申科的相对密度悬浮分层学说和张荣曾等的重介质分层学说。

1. 里亚申科相对密度悬浮分层学说

假设 1：混杂床层由重矿物悬浮体和轻矿物悬浮体构成；
假设 2：悬浮体具有与均质介质相同的密度。
在上升水流作用下，按密度分层，密度高的悬浮体集中在下层，密度低的悬浮体集中在上层。

2. 张荣曾等重介质分层学说

粒度比大于 4~5 且远超过自由沉降等沉比的颗粒群分层过程，是按照重介质作用进行分层的,即较轻颗粒浮沉取决于较重颗粒与介质(如水、空气等)组成的悬浮体的密度(重介质密度)。较轻颗粒的密度小于重介质密度时,轻颗粒在上层,反之在下层,两者密度相近时颗粒混杂。

3. 常用公式

(1) 悬浮液密度 $\rho_{悬}$

$$\rho_{悬} = \lambda(\delta - \rho) + \rho \qquad (2\text{-}5\text{-}1)$$

式中　δ——矿粒的密度,g/cm^3;

ρ——介质的密度(水取 1),g/cm^3;

λ——固体容积浓度。

(2) 固体容积浓度 λ

$$\lambda = \left[\frac{4\sum M}{\pi D^2 h \delta}\right] \qquad (2\text{-}5\text{-}2)$$

式中　M——煤或石英砂的质量,g;

δ——煤或石英砂的密度,g/cm^3;

h——煤或石英砂的高度,cm(测量值);

D——沉降管的管径,cm。

(3) 实验测量临界水速

$$u_a = \frac{Q}{A} = \frac{4Q}{\pi D^2} \qquad (2\text{-}5\text{-}3)$$

式中　Q——临界状态测量的单位时间水流量,mL/s;

A——沉降管的横截面面积,cm^2。

(4) 临界水速 $u_{a临}$ 经验公式计算

① 颗粒自由沉降末速计算公式

根据式(2-4-3)和式(2-4-4)计算与煤或石英矿粒等体积球体的自由沉降末速 $v_{0球}$。

根据式(2-5-4)计算矿粒的实际自由沉降末速。

$$v_0 = \chi \cdot v_{0球} \qquad (2\text{-}5\text{-}4)$$

式中　χ——颗粒形状系数,石英取 0.7,煤取 0.65。

② 里亚申科公式

$$u_{a临} = v_{01} v_{02} \left[\frac{\delta_2 - \delta_1}{(\delta_2 - \rho) \cdot \sqrt[n]{v_{01}} - (\delta_1 - \rho) \cdot \sqrt[n]{v_{02}}}\right]^n \qquad (2\text{-}5\text{-}5)$$

③ 张荣曾等公式

$$u_{a临} = v_{02} \left(\frac{\delta_2 - \delta_1}{\delta_2 - \rho}\right)^n \qquad (2\text{-}5\text{-}6)$$

式中 v_{01}、v_{02}——煤和石英在水中的实际自由沉降末速,m/s;
   　　δ_1、δ_2——煤和石英的密度,g/cm³;
   　　n——颗粒的形状修正指数,近似取 3.5;
   　　ρ——水的密度,取 1 g/cm³。

三、仪器设备及材料

(1) 直径为 50 mm、高度为 1.5 m 的有机玻璃干扰沉降管 1 套(图 2-5-1)。

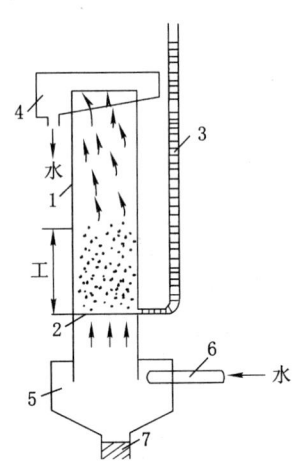

1—干扰沉降玻璃管;2—筛网;3—测压管;4—溢流槽;
5—使水均匀分布的涡流管;6—切向给水管;7—橡胶塞。

图 2-5-1　干扰沉降管示意图

(2) 秒表,钢卷尺,天平,1 000 mL 量筒,玻璃棒,洗瓶,物料盆,漏斗。
(3) 石英砂:$d_{V石英}=0.25$ mm,$\rho_{石英}=2.65$ g/cm³。
(4) 煤(示踪颗粒):$d_{V煤}=4$ mm,$\rho_{煤}=1.4$ g/cm³。

四、实验步骤与操作

1. 正、反分层实验现象观察

(1) 取石英砂 150 g,煤 40 g。
(2) 混合均匀,用漏斗加入干扰沉降管中。
(3) 颗粒全部沉积后,缓慢打开水阀,使物料充分润湿。
(4) 水速归零,控制水阀,调整水速,观察、记录分层现象。

水速较小时,煤粒在上层,石英砂集中在下层,称为正分层现象;水速继续增大时,分层现象消失,煤粒与石英砂颗粒混合在一起,此时为临界状态,测得的水速为临界水速;进一步增大水速,煤粒反而处于下层,石英砂在上层,出现反分层现象。

2．临界水速测定

（1）将定压水箱加注水至溢流。

（2）充分混匀石英砂和煤粒。

（3）将水速归零，控制水阀，调整水速，观察正、反分层现象，分别记录正、反分层时煤和石英砂的悬浮高度 h_1 和 h_2。

当煤粒和石英砂混合，分层现象消失时，用秒表和量筒测量临界水流量 Q。重复步骤(2)、(3) 4次，分别记录数据。

（4）实验结束，整理仪器设备及实验场地。

五、实验中注意事项

（1）定压水箱的作用是保持水箱水压稳定。在整个实验过程中，给入定压水箱的水要不间断，才能保证沉降管稳压给水状态。

（2）在测定临界水速重复实验时，必须是从正分层到反分层的临界水速，不能采集反分层返回正分层的水速。

（3）测量反分层状态石英砂悬浮高度 h_2 时，要测量整个石英砂悬浮层的高度。

六、实验数据记录及整理

（1）将实验数据及现象记录于表 2-5-1 中。

表 2-5-1　异类粒群悬浮分层的规律研究实验数据记录表

实验名称		1-1	1-2	2-1	2-2	3-1	3-2	4-1	4-2
悬浮体高度	煤								
	石英砂								
悬浮体密度	煤								
	石英砂								
上升水流速度	时间/s								
	水体积/mL								
	流量/(mL/s)								
分层现象									
其他现象描述									

实验人员：　　　　　　　日期：　　　　　　　指导教师：

（2）根据异类粒群（粒度比大于自由沉降等沉比）在上升水流中的悬浮分层结果及煤和石英砂的悬浮高度 h_1 和 h_2，由式(2-5-1)和式(2-5-2)计算对应的

$\rho_{悬1}$、$\rho_{悬2}$,并结合实验现象进行分析。

(3) 根据实验条件,由式(2-4-2)、式(2-4-3)及式(2-4-4)计算煤及石英的自由沉降末速,根据式(2-5-5)和式(2-5-6)计算临界水速理论值,并与实际测定的临界水速结果比较分析。

七、实验报告

(1) 简述实验原理与主要操作步骤。

(2) 熟练使用公式计算悬浮体的密度,结合正、反分层实验现象进行分析。

(3) 理解并运用颗粒自由沉降末速公式、里亚申科公式及张荣曾等公式分别计算煤及石英砂颗粒的自由沉降末速和临界水速。

(4) 将干扰沉降临界水速测量值与计算理论值比较,阐述各理论公式的适用范围。

(5) 完成思考题及实验小结。

八、思考题

(1) 研究沉降理论有何实际意义?举例说明沉降分离技术的应用。

(2) 离心沉降与重力沉降有何不同?举例说明离心沉降原理的实际应用。

实验六　淘析法水析实验

一、实验目的

(1) 掌握淘析法水析实验的原理及操作方法;

(2) 熟悉淘析法水析实验测定微细颗粒的粒度特性实验技术;

(3) 学习利用淘析法水析实验结果绘制粒度特性曲线,分析物料的粒度特性。

二、实验原理

1. 基本概念

水力分析法(简称水析法)是通过测定颗粒的沉降速度间接测量颗粒粒度组成的方法。该法常用于测定小于 0.1 mm 物料的粒度组成。常用的水析法有三种:沉淀水洗法(也叫淘析法)、上升水流法和离心沉淀法。

2. 淘析法的测定原理

淘析法水析实验的原理是利用逐步缩短沉降时间的方法,由细到粗,在重力沉降条件下通过对被测样品的悬浮液进行不连续的多次分级,得到多个不同粒级的产品来测定颗粒的粒度分布。淘析法水析装置如图 2-6-1 所示。

淘析法水析装置又称萨巴宁沉降分析仪。淘析过程在一个玻璃杯中完成,杯内装有一根直径 6~10 mm 的虹吸管。虹吸管的短管部分插入杯中,保证管

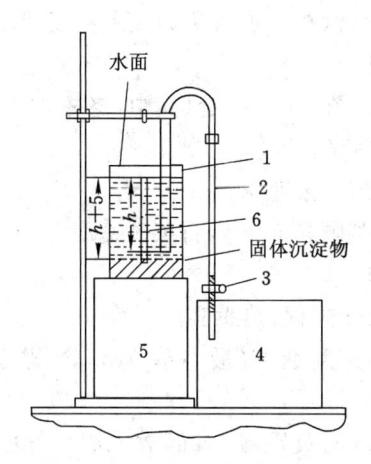

图 2-6-1 中标注：水面；1；2；6；固体沉淀物；3；5；4；h+5

1—玻璃杯；2—虹吸管($\phi 6 \sim 10$ mm)；3—夹子；4—溢流槽；5—玻璃杯座；6—毫米刻度标尺(10 cm)。

图 2-6-1 淘析法水析装置(萨巴宁沉降分析仪)

口下端距固体沉淀物料表面留有 5 mm 的距离。虹吸管长管端带管夹，插入溢流槽中。

根据斯托克斯公式可得分级粒度为 d 的颗粒在水中沉降 h 距离所需要的时间 t 为

$$v_0 = 54.5 d^2 \frac{\delta - \rho}{\mu} \quad (2\text{-}6\text{-}1)$$

$$t = \frac{h}{v_0} \quad (2\text{-}6\text{-}2)$$

式中　v_0——自由沉降末速，cm/s；

d——临界颗粒直径，cm；

δ——石英密度(2.65)，g/cm³；

μ——水的黏度，常温取 0.01 P[1 P=1 g/(s·cm)]；

h——直径为 d 的临界颗粒的沉降距离，cm。

在均匀的悬浮液中，对于具有斯托克斯沉降直径 d_{st} 的颗粒(沉降末速为 v_0)，在给定沉降高度 h 后，可根据式(2-6-1)和式(2-6-2)计算出它的沉降末速和时间 t。因此从悬浮液静止开始，经沉降时间 t 后，利用虹吸法将液面开始往下计算高度为 h 的液柱全部吸出，则吸出的颗粒均为粒度小于 d_{st} 的颗粒。

颗粒在水中的沉降速度，不仅取决于它的粒度，而且与其密度和形状也有关系，故用该法所求得的粒度与按筛分测得的粒度，具有完全不同的物理概念。筛分粒度可统称为几何粒度,淘析粒度可称为重力粒度或水力粒度。

三、仪器设备及材料

(1) 淘析法水析装置(图2-6-1)1套(其中,烧杯3 L)。

(2) 物料桶若干个,秒表。

(3) 过滤机,烘箱,天平(感量0.1 g)。

(4) －0.074 mm 石英颗粒500 g,石英砂密度$\delta=2.65$ g/cm³。

四、实验步骤与操作

(1) 学习实验装置操作规程,熟悉实验系统。

(2) 绘制一张10 cm刻度纸条(最小单位mm),贴于烧杯外壁,"0"刻度对齐烧杯最大刻度处。

(3) 称取－0.074 mm石英颗粒50 g,放入小烧杯中,按照液固比6∶1(泥质物料为10∶1)配制矿浆,配制矿浆时将颗粒附着气泡排净。将矿浆倒入3 L烧杯中,补加清水至规定刻度。

(4) 分别测定－0.074~0.053 mm、－0.053~0.038 mm、－0.038~0.025 mm、－0.025 mm粒级的含量。

根据式(2-6-1)和式(2-6-2)分别计算临界颗粒(临界粒度分别为0.053 mm、0.038 mm、0.025 mm)沉降高度h的自由沉降末速和所需时间t,填入表2-6-1中。

表2-6-1 沉降时间、距离和沉降末速的关系

临界粒度/mm	沉降末速/(cm/s)	距离h/cm	时间t/s
0.025	0.056	6	107
0.038	0.130	8	62
0.053	0.253	10	40

由于细粒颗粒沉降时间过长,可根据实验条件适当缩短虹吸管插入液面的距离,即调整h的取值。如,对于0.025 mm颗粒h缩短到6 cm,对于0.038 mm颗粒h缩短到8 cm。

计算各粒级沉降末速:

$v_{0,0.025}=5\,450d^2(\delta-1)=5\,450\times(25\times10^{-4})^2\times(2.65-1)=0.056$ (cm/s)

$v_{0,0.038}=5\,450d^2(\delta-1)=5\,450\times(38\times10^{-4})^2\times(2.65-1)=0.130$ (cm/s)

$v_{0,0.053}=5\,450d^2(\delta-1)=5\,450\times(53\times10^{-4})^2\times(2.65-1)=0.253$ (cm/s)

(5) 将虹吸管短管开口伸入液面下距离h处,紧固好装置。

(6) 用带橡胶头的玻璃棒强烈搅拌,使物料悬浮,然后停止搅拌。

(7) 待液面基本平静后即开始计时,经过时间t后,打开虹吸管夹子,将烧

第二章　重力选矿实验

杯液面及以下 h 处的矿浆全部吸入溢流槽中。

（8）重新加水至"0"刻度处，重复（6）和（7）操作，经过多次直至吸出的液体不混浊为止。

（9）将析出的产物沉淀、过滤、烘干、称重，即可算出该粒级的产率。

按此法通过改变时间 t（由长到短）分别获得各粒级（由细到粗）的产物并算出其对应的产率。

五、实验中注意事项

（1）固定虹吸短管口时，要高于物料层 5 mm 以上。

（2）整个实验过程中，矿浆中的固体容积浓度不大于 3%。

（3）为减少颗粒彼此间团聚的误差，可在淘析时在水中加入少量分散剂（矿浆中分散剂浓度为 0.01%～0.2%），如水玻璃、焦磷酸钠或六偏磷酸钠等。

（4）为加速 10 μm 以下微细粒级产物的沉淀，可在含该产物的水中加入少许明矾。

（5）为避免微细颗粒沉降时间过长，可适当缩短虹吸管在液面下的距离 h。

（6）实验应由细粒级到粗粒级顺序操作。

六、实验数据记录及整理

将实验数据填入表 2-6-2 中并按要求计算。

表 2-6-2　淘析法实验结果记录表

试样名称＿＿＿＿＿＿　　试样粒度＿＿＿＿＿＿ mm　　试样质量＿＿＿＿＿＿ g

粒度/mm	质量/g	产率/%	正累计产率/%	负累计产率/%
－0.025				
－0.038～0.025				
－0.053～0.038				
－0.074～0.053				
合计				
误差分析				

实验人员：＿＿＿＿＿＿　　日期：＿＿＿＿＿＿　　指导教师：＿＿＿＿＿＿

七、实验报告

（1）简述实验目的和实验原理。

（2）阐述实验操作步骤和淘析法水析装置的基本结构。

（3）实验前，利用式（2-6-1）和式（2-6-2）计算沉降时间、距离和沉降速度的关系。

(4) 误差分析：淘析法水析实验前试样质量与淘析法水析实验后各粒级产物质量之和的差值，不得超过水析实验前试样质量的 2.5%，否则实验应重新进行。

(5) 计算各粒级产物的产率及累计产率。

(6) 绘制三种累计粒度特性曲线：直角坐标（累计产率或各粒级产率为纵坐标，粒度为横坐标）、半对数坐标（累计产率为纵坐标，粒度的对数为横坐标）、全对数坐标（累计产率的对数为纵坐标，粒度的对数为横坐标），并分析试样的粒度分布特性。

(7) 完成思考题及实验小结。

八、思考题

(1) 淘析法水析实验在粒度分级中有何意义？适应多大粒度？

(2) 淘析法水析和小筛分有什么异同点？

实验七 跳汰选煤实验

一、实验目的

(1) 掌握跳汰机分层规律，加深对跳汰分选原理的理解；

(2) 了解实验室用跳汰机的基本结构和工作原理，掌握跳汰机调节方法；

(3) 了解跳汰机工作参数对跳汰机分选效果的影响。

二、实验原理

跳汰选矿是指物料在垂直上升的变速介质流中，按密度差异进行分选的过程。物料在跳汰过程中分层，主因是矿粒自身的性质，但能让分层得以实现的客观条件是垂直升降的交变水流。同时，水平流作用及物料的粒度和形状对跳汰分选也有一定的影响。

跳汰分选时，矿石给到跳汰机的筛板上，形成密集的物料层，称作床层。从下面透过筛板周期地给入上下交变水流。水流每完成一次周期性变化所用的时间称为跳汰周期。图 2-7-1 所描绘的就是物料在一个跳汰周期中，所经历的松散与分层过程。在一个跳汰周期内，床层经历了从紧密到松散分层再紧密的过程。物料经过多个跳汰周期分选，颗粒分层逐趋完善。最后，高密度矿粒聚集在床层下部，低密度矿粒聚集在上层。跳汰机入料端给入一定量的水平水流主要起到润湿和运输作用。润湿是为了防止干物料进入水中后结团；运输是负责将分层后位于上层的低密度物料冲带走，使它从跳汰机的溢流堰排出机外，从而获得不同密度的产物。

跳汰选矿因其工艺流程简单，设备操作维修方便，处理能力大且对易选煤具

图 2-7-1 颗粒在跳汰周期内的分层过程

(a) 分层前颗粒混杂堆积
(b) 上升水流将床层抬起
(c) 颗粒在水流中沉降分层
(d) 水流下降,床层紧密,重矿物进入底层

有较高的分选精确度,在生产中应用较普遍,是处理粗、中粒级矿石最有效的方法。

三、仪器设备及材料

(1) 双室隔膜跳汰机。
(2) 天平,秒表,量尺,给矿铲,螺丝刀,物料盆(桶)。
(3) 物料:6~13 mm 按一定浮沉组成配比的示踪颗粒 6~8 kg。

四、实验步骤与操作

(1) 学习设备操作规程,熟悉实验系统。
(2) 称取煤样两份,每份 2 kg。
(3) 打开进水阀门,控制一定流量,使跳汰机内预先充满水。
(4) 开动电机,通过变频器控制跳汰机的冲次。
(5) 用直尺测量跳汰冲程,通过转速表测定冲次。
(6) 给入示踪颗粒,秒表计时,待分选完成后,用小铲取出精矿和尾矿。
(7) 将精矿和尾矿示踪颗粒称量,填入表 2-7-1。按密度分拣计数,分别得到密度组成,填入表 2-7-2。
(8) 学生自行调整冲程、冲次对另一份试样进行跳汰分层实验。
(9) 整理仪器及实验场所。

五、实验中注意事项

(1) 开机同时计时。
(2) 实验完毕,停机和停水同时进行,以免分层的矿样溢出。
(3) 调节冲程和冲次时严格按要求进行,以免开机时损坏设备零部件。

六、实验数据记录及整理

(1) 将实验数据和计算结果填入表 2-7-1 和表 2-7-2 中。

表 2-7-1　跳汰选煤实验结果表

序号	产品名称	质量/g	产率/%	不完善度 I/%	实验条件
1	精煤				冲程：_____
	尾煤				冲次：_____
	原煤				给料量：_____
					分选时间：_____
2	精煤				冲程：_____
	尾煤				冲次：_____
	原煤				给料量：_____
					分选时间：_____

表 2-7-2　分配率计算表

密度级别 /(g/cm³)	平均密度 /(g/cm³)	原煤密度 组成/%	尾煤密度组成 占产物/%	尾煤密度组成 占入料/%	精煤密度组成 占产物/%	精煤密度组成 占入料/%	计算原煤 /%	分配率 ε /%
−1.3								
1.3~1.4								
⋮								
+1.8								
合计								

实验人员：_____　　日期：_____　　指导教师：_____

(2) 误差分析：分选前试样质量与分选后各粒级产物质量之和的差值，不得超过分选前试样质量的 1%，否则实验应重新进行。

(3) 根据表 2-7-2 绘制分配曲线。

(4) 按式(2-7-1)、式(2-7-2)计算跳汰机分层的不完善度和可能偏差。

$$I = \frac{E}{\delta_p - 1} \quad (2\text{-}7\text{-}1)$$

$$E = \frac{\delta_{75} - \delta_{25}}{2} \quad (2\text{-}7\text{-}2)$$

式中　I——不完善度（数值保留小数点后两位）；

E——可能偏差；

δ_p——实际分选密度（分配曲线上，分配率 50% 对应的密度）；

δ_{75}——分配曲线上，分配率为 75% 对应的密度；

δ_{25}——分配曲线上，分配率为 25% 对应的密度。

七、实验报告

(1) 简述实验目的、实验原理和主要操作步骤。

(2) 将实验数据记入表 2-7-1 和表 2-7-2 中。
(3) 根据表 2-7-2 绘制可选性曲线并判断物料的可选性。
(4) 根据表 2-7-2 绘制产品的分配曲线,计算 E 值,根据式(2-7-1)求出 I 值。
(5) 利用错配物含量的概念分析产品的污染情况。
(6) 完成思考题及实验小结。

八、思考题

(1) 跳汰过程中物料是如何实现分层的?
(2) 跳汰过程中,跳汰周期特性的基本形式及有利于分选的形式是怎样的?理想的水流特性是什么?
(3) 影响跳汰分选过程的因素有哪些?
(4) 重力选煤工艺效果的评价指标有哪些?其物理意义如何?

实验八　细粒物料摇床分选实验

一、实验目的

(1) 了解摇床的结构和工作原理,掌握摇床的调节和使用方法;
(2) 验证物料在床面上的扇形分布;
(3) 考察摇床的冲程、横冲水量对分选效果的影响。

二、实验原理

1. 摇床的结构及运动特性

摇床由床面、机架和传动机构三部分组成。其结构示意图如图 2-8-1 所示。

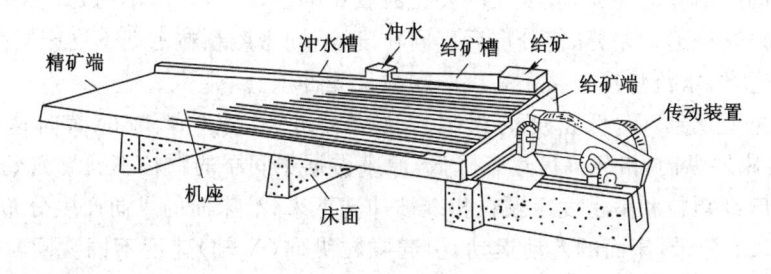

图 2-8-1　摇床结构示意图

摇床床面近似梯形。床面横向微倾斜,倾角不大于 10°,一般在 0.5°～5°;纵向自给矿端至精矿端有细微向上倾斜,倾角为 1°～2°,但一般不为 0°。床面格条为来复条,沿纵向(X 轴)逐渐降低,同时沿一条或两条斜线尖灭。

摇床床面做往复差动运动。其运动特征为:① 床面前进运动时,速度由慢变快,正加速度前进;② 床面后退运动时,速度由快变慢,负加速度后退;③ 床面由前进变后退时,速度变化最大,惯性力最大。

摇床分选过程中,物料受三种因素的影响:格条的型式、床面不对称运动带来的惯性力、床面上沿 Y 轴的横冲水。

2. 物料在床面上的松散分层

摇床分选过程中,水流沿床面横向(Y 轴)流动,不断跨越床面格条,每经过一个格条即发生一次水跃。水跃产生的涡流在靠近下游格条边缘形成上升流,在沟槽中间形成下降流。水流的上升和下降使矿粒按照密度和粒度进行松散分层(图 2-8-2)。

图 2-8-2 物料在床条间的分层状况

主要表现:
① 格条间底层颗粒密集且相对密度较大,水跃影响小,形成稳定重产物层;
② 较轻颗粒在横向水流推动下,越过格条向下游运动;
③ 沉降速度很小的微细颗粒,始终保持悬浮,随横向水流排出。

3. 物料在床面上的分层、分带

(1) 分层:横向水流包括入料悬浮液中的水和冲洗水。在横向水流作用下,位于同一高度的颗粒,粒度大的要比粒度小的运动快,密度小的要比密度大的运动快。这种运动差异,使分层后不同粒度、不同密度颗粒占据不同床层高度更明显。通常,水流将接近格条高度的颗粒优先冲下。

主要现象:① 低密度的粗颗粒优先被冲下,这些颗粒的横向速度最大;② 沿床层纵向,格条高度逐渐降低,原来占据中间层的颗粒不断暴露到上层,即低密度细颗粒和高密度粗颗粒相继被冲洗下来,沿床面的纵向产生分布梯度。

(2) 分带:床面的差动运动,引起颗粒纵向(X 轴)速度不同。同时,颗粒分层使纵向速度差更明显。底层密度高颗粒,由于与床层摩擦力大,与床面一起运动;上层颗粒由于水的润湿及松散作用,摩擦力相对小,随床面运动趋势小。其运动规律如表 2-8-1 所示。

主要现象:① 低密度颗粒与床层具有横向速度,但纵向速度小;② 高密度颗粒横向速度小,但床层负加速度作用可获得一段有效的向前位移。最终实现轻重颗粒在纵向和横向的位移差。

表 2-8-1　颗粒在摇床床层上的运动特性

颗粒特性		横向(Y 轴)运动	纵向(X 轴)运动	θ
低密度	粗颗粒	↓	↓	↓
低密度	细颗粒			
高密度	粗颗粒			
高密度	细颗粒			

颗粒在床面的实际运动是纵向和横向矢量和。实际运动方向与床面纵向（X 轴）夹角为 θ。横向速度越大，θ 越大。

$$\tan \theta = \frac{v_y}{v_x} \tag{2-8-1}$$

低密度粗颗粒具有最大偏离角，高密度细颗粒偏离角最小，最终产物在床面上呈扇形分布。扇面宽度越大，分选精度越高，分带的宽窄由颗粒间运动速度的差异决定。

矿物颗粒在摇床床面上的分带现象如图 2-8-3 所示。

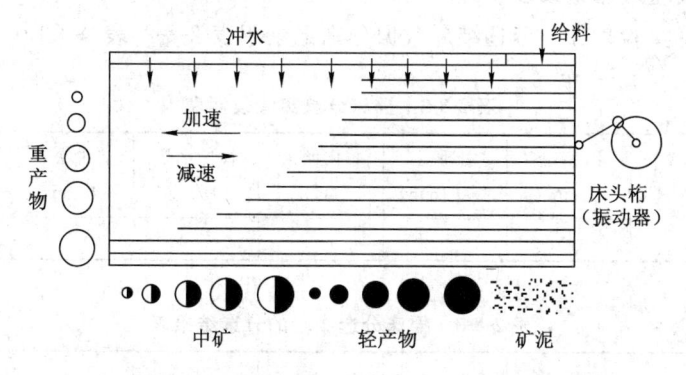

图 2-8-3　矿物颗粒在摇床床面上的分带现象

摇床分选技术通常用于粗选、精选、扫选等作业，已广泛用于分选钨、锡、钽、铌及其他稀有金属和贵金属矿石，也可用于分选铁、锰、铬、钛、铅等矿石及煤等非金属矿。

三、仪器设备及材料

(1) 实验室用摇床 1 台。
(2) 物料桶 5 个。
(3) 3~0.5 mm 物料（最好轻、重产物之间有较大的视觉差异）混合试料。

四、实验步骤与操作

(1) 学习操作规程，熟悉设备结构，了解参数的调节方法；将设备试运转检查,确保实验过程顺利进行。

(2) 将原样混合均匀后称取试样两份,每份 1 kg。

(3) 选定工作参数,清扫床面,调节好冲水和床面倾角,确定横冲水流量。将润湿好的试样在 2 min 内均匀地加入给料槽,使物料在床面上呈扇形分布,同时调整接料装置,分别接取各产品。待分选过程结束后,停机,继续保持冲水,清洗床面,将床面剩余颗粒归入重产物。

(4) 按照上述参数,用备用试样做正式实验,接取 3 个产物。

(5) 实验结束后清理实验设备,整理实验场所。

五、实验中注意事项

(1) 如本实验为演示性实验,给料要均匀,计时要准确。接料漏斗要根据物料分带情况随时调整。

(2) 开机前应检查传动机构箱体中油量,如油量较少,加油后方可启动。

(3) 传动机构和床尾端不准站人,以免出现意外。

(4) 实验结束后,应及时切断电源,关闭水源,然后将设备和用具清洗干净。

六、实验数据记录及整理

(1) 将实验条件与分选结果数据分别记录于表 2-8-2、表 2-8-3 中。

表 2-8-2 摇床分选实验条件表

单元实验条件	入料粒度 /mm	处理量 /(kg/min)	横向倾角 /(°)	横冲水量 /(L/min)	冲次 /(次/min)	冲程 /mm

表 2-8-3 摇床分选实验的分选结果表

实验结果	产品	质量/g	产率/%	灰分/%	硫分/%	接料点距床尾距离/mm
	产品 1					
	产品 2					
	产品 3					
	合计					

实验人员:_____ 日期:_____ 指导教师:_____

(2) 分析实验条件与分选结果之间的关系。

七、实验报告

(1) 简述摇床实验原理和主要操作步骤。

(2) 绘制物料在摇床床层上的分布特性。
(3) 按要求填写表 2-8-2,并分析实验条件与实验结果的关系。
(4) 完成思考题及实验小结。

八、思考题
(1) 设想隔条的高度沿纵向不变会发生什么现象？为什么？
(2) 摇床分选过程中哪些颗粒容易发生错配？为什么？
(3) 影响摇床分选的主要因素有哪些？如何影响？

实验九　螺旋分选实验

一、实验目的
(1) 了解螺旋分选机的结构和工作原理,观察物料在螺旋分选机中的运动状态与分离过程；
(2) 熟悉螺旋分选实验的基本操作过程及影响螺旋分选效果的主要因素。

二、实验原理
螺旋分选过程主要涉及水流在螺旋槽面上的运动规律、物料颗粒在螺旋槽面上的运动规律及颗粒在运动过程中的综合受力规律。螺旋分选机结构示意图如图 2-9-1 所示。

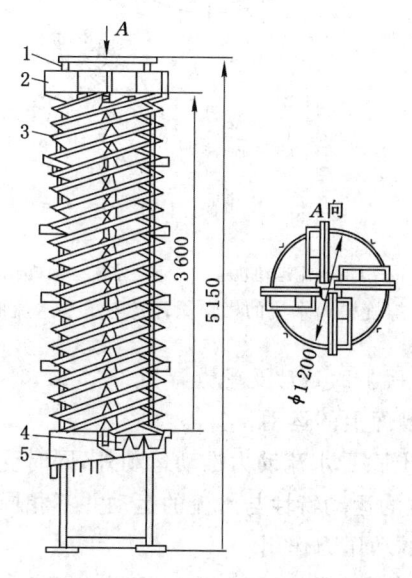

1—槽钢机架；2—给矿槽；3—螺旋溜槽；4—产物截取器；5—接矿槽。
图 2-9-1　螺旋分选机结构示意图

1. 水流在螺旋槽面上的运动

在螺旋槽面的不同半径处，水层的厚度和平均流速不同。越向外缘水层越厚、流速越快。给入的水量增大，湿周向外扩展，但对靠近内缘的流动特性影响不大。随着流速的变化，水流在螺旋槽内表现为两种流态，即靠近内缘的层流和外缘的紊流。

在流动过程中，水流具有两种不同方向的循环运动：其一是沿螺旋槽纵向的回转运动；其二是在螺旋槽内外缘之间的横向循环运动。由于横向循环运动的存在，在槽内圈水流表现有上升的分速度（图2-9-2区域A），而在外圈水流则具有下降的分速度（图2-9-2区域B）。两种流动的综合效应使上下水层的流动轨迹不同。改变槽的横断面形状，对于下层水流的运动特性没有明显的影响。

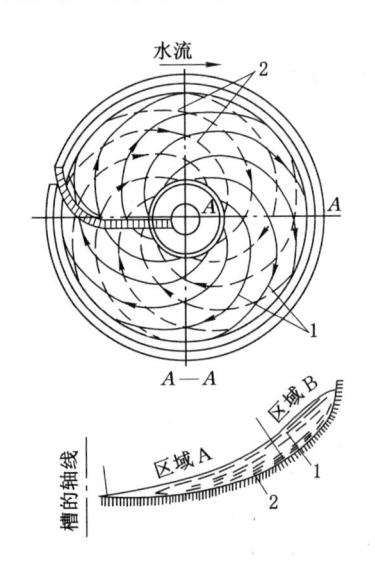

1—上层水流运动轨迹；2—下层水流运动轨迹。

图2-9-2 螺旋槽内水流的横向循环及上下层水流的运动轨迹

2. 颗粒在螺旋槽面上的运动及受力特性

（1）颗粒在螺旋槽面上的运动

颗粒在螺旋槽面上除受水流动力推动运动外，同时受重力、惯性离心力和摩擦力的作用，因而颗粒的运动特性与水流的运动并不相同。

（2）水流对颗粒的动压力作用

水流的动压力推动颗粒沿槽的纵向运动，并在运动中发生分散和分层。由于水流速度沿深度分布存在差异，悬浮在上层的细泥及分层后较轻的颗粒具有很大的纵向运动速度,因而也具有很大的离心加速度;而位于下层的重颗粒沿纵向运动的分速度较小,相应的离心加速度也较小。上述的这些差异导致物料颗粒在螺旋槽的横向分层(分带)。

(3) 颗粒在水中的重力作用

重力的方向始终垂直向下。由于螺旋槽的空间倾斜,故重力分布除了推动颗粒沿纵向移动外,也促使颗粒向槽的内缘运动。

(4) 颗粒的惯性离心力作用

水中颗粒的惯性离心力方向指向圆心,其回转半径大致与所处位置的螺旋线的曲率半径重合。

(5) 颗粒受槽底摩擦力作用

直接与槽底接触的颗粒所受的摩擦力更加明显,位于上层的颗粒受水介质的润滑作用摩擦力较小,微细颗粒呈悬浮态运动,不再有固体边界的摩擦力。

3. 颗粒在螺旋槽中分选的三个阶段

上述各作用的综合结果导致物料颗粒在螺旋槽中的分选经过三个主要阶段。

(1) 分层阶段:这一阶段在完成第一次回转运动后初步完成。分层机理与一般弱紊流斜面流选矿是一样的,即颗粒群在沿槽底运动过程中,重矿物逐渐转入底层,轻矿物进入上层。

(2) 分带阶段:即轻重颗粒的横向展开(分带)过程。离心加速度较小的底层重颗粒向内缘运动,上层轻颗粒向中间偏外运动,而悬浮在水中的细泥则被甩向最外缘。矿浆的横向内循环运动及槽底的横向坡度对这个阶段有着重要影响。随着回转运动次数的增加,不同的颗粒逐渐达到稳定的运动状态。此阶段大约要持续到螺旋槽的最后一圈。不同密度和粒度的颗粒达到稳定运动状态所经过的距离亦不同。

(3) 平衡阶段:不同性质的颗粒沿着各自的回转半径运动,分选过程完成。

颗粒分层和分带作用区域主要发生在螺旋横断面的中部,该处的特点是矿浆的浓度基本不变,颗粒与水层间具有较大的速度梯度。

实验中矿浆浓度按下式计算:

$$\text{浓度} = \frac{\text{矿样质量(g)}}{\text{矿样质量(g)} + \text{水质量(g)}} \times 100\% \tag{2-9-1}$$

螺旋分选机具有操作维护简单、工作稳定、使用寿命长、基本无须检修等特点,已广泛应用于铁矿、钛铁矿、海滨砂矿、锡矿、钨矿等金属矿及煤矿等非金属矿的分选及脱泥。

三、仪器设备及材料

(1) 仪器:螺旋分选机1台。

(2) 工具：物料桶5个。
(3) 物料：-6 mm混合矿样。

四、实验步骤与操作

(1) 学习设备操作规程，检查设备，对搅拌桶进行试转。
(2) 缩制两份矿样，质量分别为2.5 kg和5 kg。
(3) 将搅拌桶打开，加入一定量水的情况下加入矿样并补加水至所需浓度。
(4) 将内圈两根管子接在一个桶内，中间两根管子接在一个桶内，最外几根管子接在一个桶内。
(5) 准备好接样后，打开搅拌桶放料阀，将入料桶中的悬浮混合物料给入螺旋分选机。观察并记录物料在螺旋槽面上的分选现象。
(6) 料浆排完后，用适量水冲洗黏附在槽壁上的物料，并接入物料桶。
(7) 彻底冲洗给料桶和分选机，将各产品脱水、烘干、称重。
(8) 根据需要，制取入料和产品的化验样，进行分析化验。

五、实验中注意事项

(1) 产品的接取要认真仔细，不得相互混淆。
(2) 矿浆分选完毕，一定要认真冲洗给料桶和分选机，以减少质量误差。

六、实验数据记录及整理

(1) 实验数据记录于表2-9-1中。

表2-9-1 螺旋分选实验结果记录表

序号	入料粒度/mm	入料浓度/(kg/L)	入料品位/%	产品1 质量/kg	产品1 产率/%	产品1 品位/%	产品2 质量/kg	产品2 产率/%	产品2 品位/%	产品3 质量/kg	产品3 产率/%	产品3 品位/%	计算入料 质量/kg	计算入料 产率/%	计算入料 品位/%
1															
2															

实验人员：_____ 日期：_____ 指导教师：_____

(2) 计算数据和实验数据均保留小数点后第二位。

七、实验报告

(1) 简述螺旋分选实验的目的和原理。
(2) 按实验给出的公式计算并填入相应表中。
(3) 绘制颗粒在螺旋槽面上的分层和分带图。
(4) 完成思考题及实验小结。

八、思考题

(1) 影响螺旋分选效果的主要结构因素有哪些？如何影响？

（2）简述螺旋分选技术的特点、适用范围及应用领域。

实验十　旋流器分选实验

一、实验目的
（1）验证旋流分选的理论，了解影响旋流器分选效果的影响因素；
（2）理解和掌握旋流器分选过程中空气柱、零速包络面的形成机理及调整方法。

二、实验原理
旋流器是一种利用离心力场强化细粒级矿粒在介质中分选的装置，广泛应用于矿业、环保、轻工、材料等行业。图2-10-1是三产品旋流器的示意图。

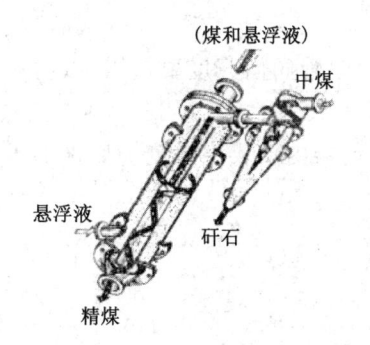

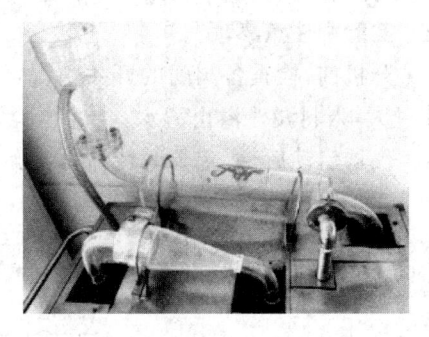

图 2-10-1　三产品旋流器示意图

物料给入旋流器，在旋流器内形成一个回转流。旋流器中心处矿浆回转速度达到最大，因而产生的离心力亦最大。矿浆向周围扩散运动的结果是在中心轴周围形成一个低压空气柱。

矿浆利用旋转形成离心力场，在离心力、重力、介质黏性阻力、浮力等的综合作用下，悬浮液中不同性质的颗粒产生不同的运动轨迹。在旋流器内既有切向回转运动，又有向内的径向运动，而靠近中心的矿浆又沿轴向向上（溢流管）运动，外围矿浆向下（底流管）运动。由于外旋流和内旋流的流体运动方式不同，而且内旋流是由外旋流运动过程中逐渐内迁形成的，因此其中必有轴向速度等于零的迹点。旋流器正常分离过程中，流体轴向速度为零的轨迹叫零速包络面。细小颗粒离心沉降速度小，被向心的液流推动进入零速包络面由溢流管排出；而较粗颗粒则借较大离心力作用，保留在零速包络面外，最后由沉砂口排出。零速包络面的位置决定了分级力度。最终粗粒级（分级）、高密度（分选）颗粒向外围运动，进入外旋流，从底流口排出；细粒级（分级）、低密度（分选）颗粒向中心运动,进入内旋流,从溢流口排出。

三、仪器设备及材料

(1) 仪器:三产品旋流器演示机。

(2) 物料:示踪颗粒 3 kg($\phi=3$ mm,$\rho_1=0.8$ g/cm³,$\rho_2=1.2$ g/cm³)。

四、实验步骤与操作

(1) 熟悉三产品旋流器演示机的结构及操作规范。

(2) 向三产品旋流器内注入清水,要求水没过料箱中的潜水泵上端。

(3) 旋流器开机,调节阀门,使旋流器内流体稳定,形成稳定的空气柱。

(4) 观察空气柱的特征,讨论空气柱的形态对物料分选的影响。

(5) 将示踪颗粒经入料口给入,观察颗粒在旋流器内的分选特性。

(6) 将重物料和轻物料分别从对应产品口收集、烘干、称重。

五、实验中注意事项

(1) 开机前,检查各阀门的开关情况,润湿管阀门开度要适当,以防开机初期流速过大,入料漏斗溢出清水。

(2) 仪器启动后,一定要等待流体在旋流器内形成稳定流场后再加入分选颗粒。

六、实验数据记录及整理

实验数据记录于表 2-10-1 中。

表 2-10-1　旋流器分选实验结果记录表

序号	入料粒度 /mm	入料品位 /%	溢流产物 质量 /kg	溢流产物 产率 /%	溢流产物 品位 /%	底流产物 质量 /kg	底流产物 产率 /%	底流产物 品位 /%
1								
2								

实验人员:_____　　日期:_____　　指导教师:_____

七、实验报告

(1) 简述旋流器分选实验的目的和原理。

(2) 画出旋流器分选原理示意图,在图中描述空气柱及零速包络面。

(3) 完成思考题及实验小结。

八、思考题

(1) 分级旋流器与分选旋流器有何区别与联系?

(2) 旋流器结构参数与操作参数有哪些?对旋流器的分选效果分别有何影响?

实验十一　粒群密度组成测定与物料可选性分析

一、实验目的

(1) 学习粒群密度组成测定的基本原理与方法；

(2) 了解浮沉液(密度液)的配制方法；

(3) 掌握浮沉实验数据的处理与重选可选性曲线的绘制、分析方法。

二、实验原理

本实验根据《煤炭浮沉试验方法》(GB/T 478—2008)制定。

当散体物料置于一定密度的重液中时，根据阿基米德定律，密度大于重液密度的颗粒将下沉(沉物)，密度小于重液密度的颗粒则上浮(浮物)，密度与重液密度逼近或相同的颗粒处于悬浮状态。

对重力选矿来说，矿石密度与矿石品位之间具有很强的相关性，这也是采用重力分选获得较高品位矿物产品的依据。

根据上述原理，使用特制的工具在不同密度的重液中捞起不同密度物料的实验即为浮沉实验。通常，对粒度大于 0.5 mm 的煤炭进行的浮沉实验，称为大浮沉实验；对粒度小于 0.5 mm 的煤炭进行的浮沉实验，称为小浮沉实验。

对重力选矿来说，矿样通常按下列密度分成不同密度级：1.30 g/cm³、1.40 g/cm³、1.50 g/cm³、1.60 g/cm³、1.70 g/cm³、1.80 g/cm³、2.00 g/cm³。

大浮沉实验过程如图 2-11-1 所示。

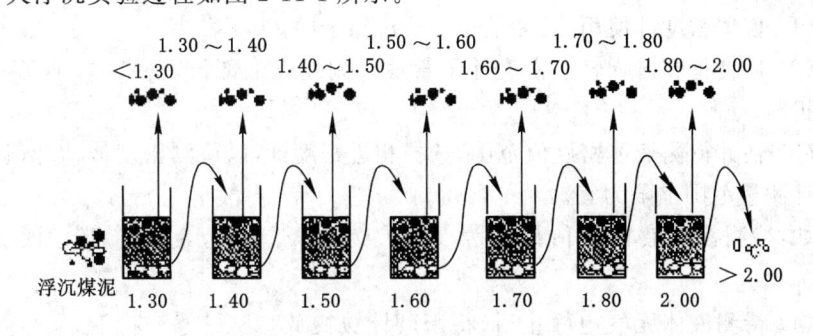

图 2-11-1　大浮沉实验过程示意图(单位：g/cm³)

可用密度计(图 2-11-2)直接测量浮沉液密度。

三、仪器设备及材料

(1) 密度计(密度范围：1.20～1.30 g/cm³，1.30～1.40 g/cm³，1.40～1.50 g/cm³，1.50～1.60 g/cm³，1.60～1.70 g/cm³，1.70～1.80 g/cm³，1.80～1.90

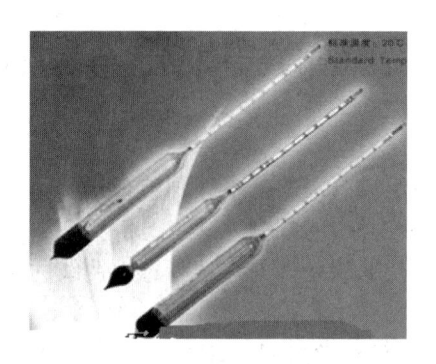

图 2-11-2　常见玻璃密度计

g/cm³,1.90～2.00 g/cm³),物料盆,滤纸。

(2) 大浮沉器具:捞勺,网底桶(网孔 ϕ0.5 mm),玻璃重液桶。

(3) 小浮沉器具:离心沉淀机,烘箱,天平(感量 0.01 g),1 000 mL 漏斗及漏斗支架,玻璃棒,带盖量筒(500 mL)2 个/组。

(4) 煤质化验设备:马弗炉,电子天平。

(5) 药品:氯化锌,苯(或甲苯),四氯化碳,三溴甲烷。

(6) 煤样:6～3 mm 及 −0.5 mm 煤样若干。

四、实验步骤与操作

1. 玻璃密度计的使用方法

(1) 玻璃密度计使用前,必须全部清洗擦干净。

(2) 用食指和拇指轻拿密度计干管最高刻线以上部位,垂直拿,不能横拿,以防折断。

(3) 估计待测液体密度值范围,选择相近密度计,以待测密度液估计值接近密度计测量范围上限为宜。

如:待测密度液密度估计值为 1.40 g/cm³,选择 1.30～1.40 刻度的密度计。

(4) 待测液体无气泡静止后,将密度计缓慢放入液体中。

(5) 读数时,眼睛平视弯月面,以弯月面底部对准的刻度为准,如图 2-11-3 所示。

2. 密度液的配制

煤炭浮选实验,大浮沉实验常用氯化锌配制重液,小浮沉实验常用苯、四氯化碳及三溴甲烷

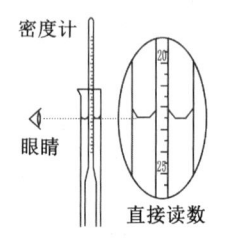

图 2-11-3　密度计使用示例

配制重液。氯化锌易溶于水,易配制,价格便宜,但氯化锌腐蚀性较大。苯、四氯化碳及三溴甲烷为有机溶剂,三者互溶,但不溶于水,使用时要注意个人防护。

重液配制比例可参考表 2-11-1,并用密度计反复测量,使重液密度准确到 0.003 g/cm³。配制重液密度为:1.30 g/cm³、1.40 g/cm³、1.50 g/cm³、1.60 g/cm³、1.70 g/cm³、1.80 g/cm³、2.00 g/cm³。

表 2-11-1　重液配制表

重液密度 /(g/cm³)	药剂				
^	水、氯化锌	四氯化碳、苯		四氯化碳、三溴甲烷	
^	水溶液中氯化锌质量百分比/%	四氯化碳体积含量/%	苯体积含量/%	四氯化碳体积含量/%	三溴甲烷体积/%
1.30	31	60	40		
1.40	39	74	26		
1.50	46	89	11		
1.60	52			98	2
1.70	58			89	11
1.80	63			79	21
2.00	72			59	41

注:三溴甲烷的密度为 2.887 g/cm³,四氯化碳的密度为 1.595 g/cm³,苯的密度为 0.876 5 g/cm³。由于苯具有高挥发性,高毒性,是一种致癌物质,所以可使用密度为 0.866 g/cm³ 的甲苯代替苯配制重液,但甲苯为管制类药品,须严格遵守相关规定进行采购、使用及存放。

3. 大浮沉实验操作(以氯化锌重液为例)

(1)将已配制的重液装入重液桶中,并按密度大小排序,桶中重液的液面高度不低于 350 mm。最小密度重液分别装入两个重液桶:一个做浮沉实验用,另一个做缓冲液。

(2)称取浮沉煤样。根据浮沉煤样粒度级别,按表 2-11-2 称取不少于对应煤样最小质量的煤样,放入网底桶内。

表 2-11-2　大浮沉实验给定粒级煤样的最小质量

粒级上限/mm	300	150	100	50	25	13	6	3
最小质量/kg	500	200	100	30	15	7.5	4	2

为保证实验结果的正确和各密度级有足够的分析试样,所需煤样质量应适当增加,增加量一般要大于表中给定量的50%。

(3) 冲洗浮沉煤泥。用水洗净附着在待测煤粒上的煤泥,收集冲洗出的煤泥水,用澄清法或过滤法回收煤泥,此煤泥即为浮沉煤泥,按照要求对浮沉煤泥进行干燥、称重及化验。

(4) 浸润煤样。将冲洗好的煤样放入网底桶,每次放入的煤样厚度一般不超过100 mm。将网底桶放入缓冲液中浸润1 min,提起并斜放在桶边,滤净重液。

(5) 按密度进行分层。将浸润后的煤样放入浮沉实验最低密度的重液桶内,用木棒轻轻搅动或将网底桶缓缓地上下移动,然后使其静止分层,分层时间不少于以下规定:

① 粒度大于25 mm时,分层时间为1~2 min;
② 最小粒度为3 mm时,分层时间为2~3 min;
③ 最小粒度为1~0.5 mm时,分层时间为3~5 min。

(6) 捞取浮物。用捞勺按一定方向捞取浮物,捞取深度不超过100 mm。待大部分浮物捞出后,再用木棒搅动沉物,然后仍按上述方法捞取浮物,反复操作直到捞尽为止。捞出的浮物倒入盘中,做好标记。

(7) 沉物进行下一个密度级实验。把装有沉物的网底桶缓慢提起,斜放在桶边上滤净重液,再放入下一个密度重液桶中,用同样方法逐次按密度顺序进行,直到该煤样全部实验完,最后将沉物倒入盘中。

(8) 浮物和沉物处理。各密度级产物分别滤去重液,用水冲净产物上残存的重液(最好用热水冲洗)。然后放入温度低于50 ℃的干燥箱内干燥,达到空气干燥状态再进行称量。

4. 小浮沉实验操作(以有机重液为例)

(1) 熟识离心沉淀机(图2-11-4)使用规范,检查设备是否运行正常。

(2) 称取煤样:煤样应是空气干燥状态,采样量不少于200 g。称取煤样4份,每份20克(称准至0.01 g)作为一组浮沉物料。

(3) 按照表2-11-1进行密度液的配制,配备密度液以"少加勤测"为原则,将配制好的密度液倒入带盖量筒中,旋紧盖子,上下颠倒量筒至少三次,每次以气泡完全消失为止,配制密度液在450~500 mL为宜。

(4) 校准重液。实验前,对配制好的各重液的密度必须进行一次校验,密度值准确到±0.002 g/cm³。

(5) 分别取出离心沉淀机对角线上两对杯子(含底座杯),放在已调平衡的天平上,将4份总共80 g煤样均匀分配在4个离心杯中。

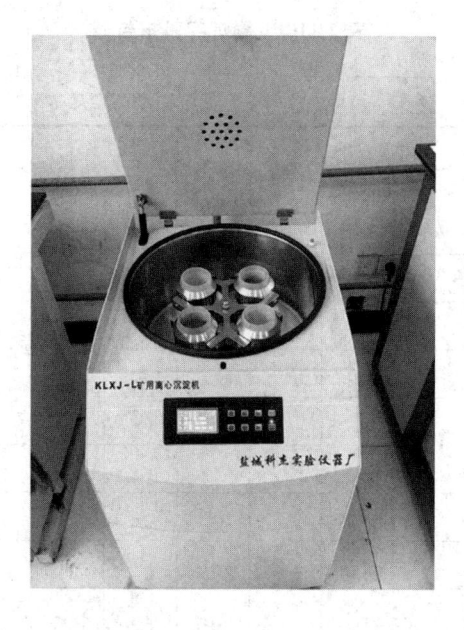

图 2-11-4 离心沉淀机

(6) 倒入校准后的重液,使天平平衡。倒入重液的量,以 1/2~2/3 为宜。

(7) 用玻璃棒搅拌,混合重液与煤样,避免杯底积存干煤样。

(8) 将混合好物料的离心杯按照原来对应位置成对放在离心机中,根据离心机使用说明,开机进行离心分离。将剩余重液倒入原重液瓶中。离心机转速为 2 000 r/min,稳定离心时间 10 min。

(9) 在滤纸右(或左)上角写明实验信息,如:××××班×××组(1.30~1.40 g/cm^3)。将滤纸"十字"折叠后放入漏斗中。漏斗下方接原重液瓶或空瓶,以便收集重液。

(10) 利用离心分离结束前的时间,进行下一密度级的校准。

(11) 离心分离结束后,轻拿出塑料离心杯,将浮液倒入过滤漏斗。

(12) 重复(4)~(11)的操作,将煤样按照其他规定密度级进行离心分离。

(13) 最高密度级重液离心分离结束后,浮物和沉物分别按照上述方法过滤,沉物过滤后作为最大密度级产物。沉物和浮物过滤后重液全部倒入最高密度级重液瓶。

(14) 将各密度级产物连同滤纸放入 75 ℃±5 ℃ 的恒温箱内烘干,达到空气干燥状态后连同滤纸称量,数据记录表 2-11-3 中。

表 2-11-3　浮沉实验报告表

煤样粒级：＿＿＿＿＿＿＿＿＿＿ mm　　　　煤样灰分：＿＿＿＿＿＿＿＿＿＿％

煤样质量：＿＿＿＿＿＿＿＿＿＿kg　　　　煤样全硫：＿＿＿＿＿＿＿＿＿＿％

密度级 /(g/cm³)	质量 /kg	产率 占本级 /%	产率 占全样 /%	灰分 /%	硫分 /%	浮物累计 产率 /%	浮物累计 灰分 /%	沉物累计 产率 /%	沉物累计 灰分 /%	±0.1含量 /%
<1.30										
1.30～1.40										
1.40～1.50										
1.50～1.60										
1.60～1.70										
1.70～1.80										
1.80～2.00										
>2.00										
合计										
煤泥										
总计										

实验人员：＿＿＿＿＿＿　　日期：＿＿＿＿＿＿　　指导教师：＿＿＿＿＿＿

(15) 实验结束，切断电源，整理实验室，将重液放回药品柜保管。

五、实验中注意事项

(1) 大浮沉实验注意事项：

① 氯化锌重液具有腐蚀性，配制重液和进行实验过程中应避免与皮肤接触，应戴眼镜，穿胶鞋等。

② 整个实验过程中应随时用密度计测量和调整重液的密度，保证重液密度值的准确。

③ 浮沉顺序一般从低密度级向高密度级进行。如果煤样中含有易泥化的矸石或高密度物含量多时，可先在最高密度重液内浮沉。捞出的浮物仍按由低密度到高密度顺序进行浮沉。如果先捞最高密度级，应将煤样首先在最高密度的缓冲液内浸润。

④ 大浮沉捞取浮物时，要避免沉物被搅起而混入浮物中。

(2) 小浮沉实验注意事项：

① 小浮沉实验采用有机重液，严禁水混入重液中。

② 有机重液易挥发,小浮沉实验必须在通风橱中进行。

③ 离心结束,要轻轻取出离心杯,一次性、快速、匀速地将浮液倒入滤纸,严禁摇摆离心杯,以免沉物混入。

(3) 使用玻璃密度计测量时,要缓慢松手,以免密度计碰触容器底部而损坏。

六、实验数据记录及整理

(1) 数据记录

各密度级产物烘干后分别称重,将数据记入表 2-11-3 中。

(2) 误差分析

① 数量误差分析

浮沉实验前空气干燥状态的煤样质量与浮沉实验后各密度级产物的空气干燥状态质量之和的差值,不得超过浮沉实验前煤样质量的 2%,否则该实验应重做。

② 质量误差分析

a. 煤样灰分小于 20% 时,浮沉前后煤样灰分相对差值不得超过 ±10%,即

$$\left| \frac{A_d - \overline{A}_d}{A_d} \right| \times 100\% \leqslant 10\%$$

b. 煤样灰分为 20%~30% 时,浮沉前后煤样灰分绝对差值不得超过 2%,即

$$|A_d - \overline{A}_d| \leqslant 2\%$$

c. 煤样灰分大于 30% 时,浮沉前后煤样灰分绝对差值不得超过 3%,即

$$|A_d - \overline{A}_d| \leqslant 3\%$$

式中　A_d——浮沉前煤样灰分,%;

$\overline{A}_d$——浮沉后各密度级产物的加权平均灰分,%。

(3) 数据处理

根据实验数据绘制可选性曲线,说明每条曲线的物理意义及使用方法(±0.1 含量计算按《选矿学》教材要求)。

七、实验报告

(1) 简述浮沉实验原理及小浮沉实验的主要操作步骤和注意事项。

(2) 对浮沉实验报告表中实验数据进行误差分析及计算。

(3) 绘制可选性曲线,并判断该煤样的可选性等级。

(4) 完成思考题及实验小结。

八、思考题

(1) 氯化锌、苯、四氯化碳和三溴甲烷在性质上有哪些特点?为什么常用有

机溶剂作煤泥浮沉实验？

（2）小浮沉实验使用离心机的目的是什么？举例说明离心分离在固液分离领域的其他应用。

（3）浮沉实验在重选生产实践中有哪些作用？

第三章　磁电选矿实验

实验十二　散体物料磁性物含量测定

一、实验目的
(1) 了解磁选管的结构、工作原理及操作方法；
(2) 学会散体物料磁性物含量的测定方法，掌握实验的操作步骤。

二、实验原理
具有不同磁性的矿粒，通过磁选管内的磁场，必然要受到磁力和机械力（重力及流体作用）的作用。

磁性较强和磁性较弱的矿粒由于所受的磁力不同，会产生不同的运动轨迹，磁性较强的颗粒富集在两磁极中间，而磁性较弱的颗粒则在水流的作用下排出。

本实验使用磁选管进行磁性物含量的测定。磁选管是用作湿式分析强磁性矿物含量的主要设备(图 3-12-1)，主要由 C 型电磁铁和在两磁极尖头之间做往复和扭转运动的玻璃管组成。在铁芯两极头之间形成工作间隙，铁芯极头为 90°的圆锥形，由非磁性材料做成的架子固定在电磁铁上，架子上装有使分选管

1—传动装置；2—玻璃分选管；3—激磁线组(C型铁芯)。
图 3-12-1　磁选管示意图

做往复和扭转运动的传动机构,此机构包括电动机、减速器、蜗杆、曲柄连杆、分选管滑动架等。玻璃管被嵌在夹头里,而夹头则通过曲柄连杆和减速器的齿轮连接。

磁选管工作参数:① 玻璃管与水平线成 0°～40°;② 管子往复移动行程为 40 mm;③ 管子摆动 45°。

磁选管与磁极间的相对往复运动,使磁极间的物料产生"漂洗作用",将夹杂在磁性颗粒间的非磁性颗粒冲洗出来,于是物料颗粒按其磁性不同分选为两种单独的产物。

三、仪器设备及材料

(1) 磁选管,真空过滤机,干燥箱。
(2) 500 mL 烧杯,塑料洗瓶,接样桶,接样盆,滴管,秒表。
(3) 托盘天平 1 台,台秤(感量 0.01 g)。
(4) 磁铁矿粉和石英粉,粒度小于 0.2 mm。
(5) 荧光光谱分析仪。
(6) 酒精适量。

四、实验步骤与操作

(1) 熟悉实验系统,检查实验设备是否运转正常。
(2) 称取磁铁矿粉和石英粉各 10 g 为一份,放入 500 mL 的烧杯中,滴入 5～6 滴酒精,加适量水,用玻璃棒搅拌润湿和分散,再稀释到 100～150 mL。
(3) 往磁选管的玻璃分选管中注水,调节尾矿管上的夹子,使玻璃分选管内水的流量保持稳定,水面高于磁极 100～120 mm,保持磁选管内进水量和出水量平衡。
(4) 接通电源开关,使磁选管转动。电机通过传动装置使玻璃分选管做往复上下移动和转动。
(5) 调整手柄使激磁电流为 2.5 A,此时仪器处于待使用状态,尾矿管用接样桶接水。
(6) 将待测矿浆缓慢从给料漏斗中给入磁选管,边给料边搅拌,同时开始计时。
(7) 给料完毕,用清水将烧杯及玻璃棒上的颗粒冲洗入磁选管,此时,磁性物吸附在磁极相对应的玻璃分选管上,非磁性物随水一起从尾矿管排出,进入接样桶。继续给水,直至玻璃分选管内水清晰不混浊时,停水,计时结束,同时夹住尾矿管的夹子。
(8) 切断电源,将激磁调整手柄回至零位。
(9) 打开尾矿管的夹子,用水将管壁的磁性物洗净,用接样盆接取磁性物。

(10) 精矿和尾矿过滤脱水,并送入 105 ℃干燥箱内烘干,干燥后冷却至室温称重及化验品位。

五、实验中注意事项

(1) 实验时手中不得拿铁器,以免打碎玻璃分选管。
(2) 实验时不得佩戴机械手表,手机也不要随身携带,以免被磁化。
(3) 带有心脏起搏器的人员,禁止进行该实验。
(4) 分选时一定要冲洗至水清晰不混浊为止。
(5) 分选结束后,为退磁完全,务必将激磁调整手柄回至零位。

六、实验数据记录及整理

(1) 将实验所获数据和计算的数据填入表 3-12-1 中。

表 3-12-1 磁性物含量测定结果表

实验编号	工况条件	产品名称	产品质量/g	产率 γ/%	品位 β/%	回收率/%
1	磁选时间:_____ 激磁电流:_____	磁性物				
		非磁性物				
		给矿				
2	磁选时间:_____ 激磁电流:_____	磁性物				
		非磁性物				
		给矿				

实验人员:_____ 日期:_____ 指导教师:_____

(2) 按式(3-12-1)和式(3-12-2)分别计算磁性物含量和磁性物的回收率:

$$磁性物含量 = \frac{磁性物质量}{磁铁矿质量 + 石英粉质量} \times 100\% \quad (3\text{-}12\text{-}1)$$

$$磁性物的回收率 = \frac{磁性物质量 \times 磁性物品位}{(磁铁矿质量 + 石英粉质量) \times 给矿品位} \quad (3\text{-}12\text{-}2)$$

七、实验报告

(1) 简述实验目的、原理及操作过程。
(2) 记录实验数据,计算磁性物含量及磁选回收率。
(3) 完成思考题及实验小结。

八、思考题

(1) 磁性物含量与磁选回收率是一个概念吗?为什么?
(2) 试样调制成浆过程为什么要加几滴酒精?

(3) 重介质选矿生产过程中,哪些场合需要测定磁性物含量？有何意义？

实验十三 微细物料的摩擦电选实验

一、实验目的
(1) 了解摩擦电选设备的基本结构和原理,加深对电选分选原理的理解；
(2) 熟悉摩擦电选设备的基本调节与操作方法,掌握基本操作过程。

二、实验原理
不同物料具有不同的表面功函数,这决定了其摩擦带电的符号和带电量的差异。如图 3-13-1 所示,煤和矿物质颗粒在气流夹带作用下通过摩擦带电器,颗粒与摩擦带电器器壁及颗粒与颗粒之间相互碰撞摩擦,煤和矿物质(包括硫铁矿及其他成灰矿物质)会带上极性和电量不同的电荷,荷电颗粒群经喷嘴进入高压静电场后,在电场力和重力的作用下,具有不同的运动轨迹,即带负电荷的矿物质朝正极板运动,带正电荷的煤粉朝负极板运动,从而实现煤与矿物质的分离,达到脱硫降灰的目的。在高压电场中,带电量大的颗粒沿电场方向的加速度大,带电量小的颗粒沿电场方向的加速度小,因而吸附在极板上的不同位置。

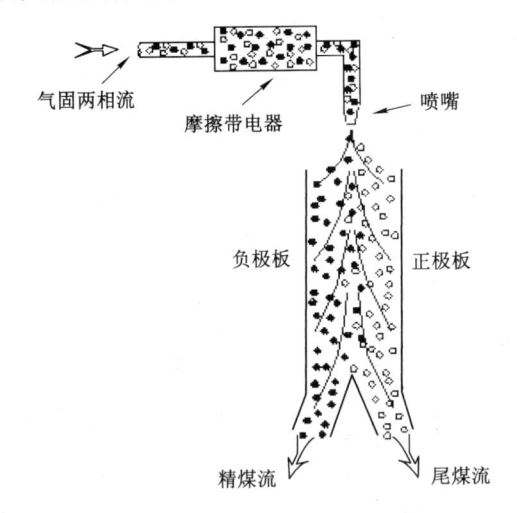

图 3-13-1 摩擦电选基本原理示意图

颗粒群在气流的夹带作用下,以速度 v_0 进入高压静电场,由于通道横截面积的增大,气流及颗粒群的运动速度按照一定的规律 $v(v_0,v_\tau)$ 减慢,经过时间 τ 后,速度达到恒定值 v_τ,随后,气流以该速度通过静电场。同时,带电颗粒在电场力的作用下,沿电场强度方向(或相反方向)运动,离开电场前到达极板表面的颗粒会吸附在极板上,未吸附在极板上的颗粒将随气流一起排出。

根据气流在高压静电场内的运动规律,可将高压静电场分成两段:Ⅰ段气流速度由 v_0 减小到 v_τ;Ⅱ段气流以恒定速度 v_τ 运动,直至通过静电场。

设某个吸附在极板上的颗粒质量为 m,带电量为 q,荷质比为 R,沿极板纵向的运动距离为 S,极板长度为 L,极板间的电势差为 ΔU,极板间距为 d,电场强度为 E,颗粒在静电场内的运动时间为 t。带电颗粒进入高压静电场后,沿电场强度方向受到电场力 f 的作用,颗粒沿电场强度方向产生加速度 a,则颗粒在静电场中的运动时间 t 满足:

$$t = \frac{d}{\sqrt{\Delta U \cdot R}}$$

当 $0 < t \leqslant \tau$ 时,颗粒在高压静电场Ⅰ段吸附在极板上,可得:

$$S_\mathrm{I} = \int_0^{\frac{d}{\sqrt{\Delta U \cdot R}}} v(v_0, v_\tau) \mathrm{d}t$$

当 $t > \tau$ 时,颗粒在高压静电场Ⅱ段吸附在极板上,该段内,颗粒沿极板纵向的速度大小为定值 v_τ,根据上面的公式,可得

$$S_\mathrm{II} = \int_0^\tau v(v_0, v_\tau) \mathrm{d}t + v_\tau(t - \tau)$$

荷质比 R 相同的颗粒吸附在极板上的位置 S 相同,极板前端吸附的颗粒较少,而极板后端吸附量增加,达到一定程度后又逐渐减少。

原料煤性质、气体流量、电场电压等是影响摩擦电选效果的主要因素。

三、仪器设备及材料

(1)摩擦电选装置(图 3-13-2),直流高压发生器,天平。

图 3-13-2 摩擦电选装置

(2) 煤样(200 网目以下,最好为粉煤灰样品)。
(3) 毛刷,漏斗等。

四、实验步骤与操作

(1) 熟悉实验设备的结构及操作规程。
(2) 检查实验设备是否运转正常。
(3) 设定运转参数并记录(风量调节范围为 40～80 m³/h,电压调节范围为 15～45 kV)。
(4) 称取煤样 8 g,加料,将电压升至所需值,打开风机,给料。给料结束后,先关风机,然后将电压回零,关闭直流高压发生器。
(5) 抽出极板,观察物料在极板上的吸附规律。

五、实验中注意事项

(1) 严格遵守摩擦电选机的操作规程,注意安全。
(2) 电压调整及分选过程中应注意保护电机,升压速度不宜过快。
(3) 入料应保持干燥状态,并预先脱除+200 网目粗粒级部分。
(4) 给料速度应严格控制,不宜过大。

六、实验数据记录及整理

(1) 实验原始数据记录于表 3-13-1 中,同时注意记录观察到的各种现象。

表 3-13-1 摩擦点选实验数据记录表

实验条件			精煤产品			尾煤产品		
给料量/g	风量/(m³/s)	电压/kV	质量/g	产率/%	灰分/%	质量/g	产率/%	灰分/%

实验人员:_____ 日期:_____ 指导教师:_____

(2) 分析分选指标(产率、灰分等)与电压、风量指标之间的关系。

七、实验报告

(1) 简述实验目的、原理及操作过程。
(2) 记录实验数据,完成数据表 3-13-1。
(3) 绘制曲线分析分选指标(产率、灰分等)与电压、风量之间的关系。

(4) 完成思考题及实验小结。

八、思考题

(1) 影响摩擦电选的主要因素有哪些？

(2) 摩擦电选与高压静电选的本质区别是什么？

实验十四　涡电流分选实验

一、实验目的

(1) 了解涡电流分选设备的基本结构和原理，通过观察涡电流分选过程，加深对涡电流分选原理的理解；

(2) 熟悉涡电流分选设备的基本调节与操作方法，掌握涡电流分选实验的基本操作过程。

二、实验原理

涡电流分选的物理基础是基于两个重要的物理现象：一个随时间而变化的交变磁场总是伴生一个交变电场(电磁感应定律)；载流导体产生磁场(毕奥-萨伐尔定律)。因此，如果导电颗粒暴露在交变磁场中，或者通过固定磁场运动，在导体内就会产生与交变磁场磁通相垂直的涡电流。另外，导体涡电流引发的与感应磁场相对的镜像磁场，对导体产生排斥力(洛仑兹力)，使导体从物料流中分离出去。

永磁涡电流分选原理如图 3-14-1 所示。极性沿圆周交替配置的永磁辊，在辊面四周空间产生一交变磁场，此时置于此空间某一点的导电体(图中为一金属盘)内感生环形电流(即涡电流)。感生电流在导体内产生一个与交变磁场相对的镜像磁场，此时导体受到瞬时产生的磁斥力作用，被磁辊排斥出去，与不受交变磁场影响的非金属物料分开。旋转永磁辊产生的斥力 F_r(机械力)可由下式表达：

$$F_r \propto H^2 f \tag{3-14-1}$$

式中　H——磁场强度；

　　　f——磁场交变频率。

对磁辊式分选机而言，f 可由下式表达：

$$f = n \cdot p/2 \tag{3-14-2}$$

式中　n——磁辊转速；

　　　p——磁极数。

上述关系表明，可以用提高磁场强度、增加磁辊转速及磁极个数的办法使分选斥力达到最大值。

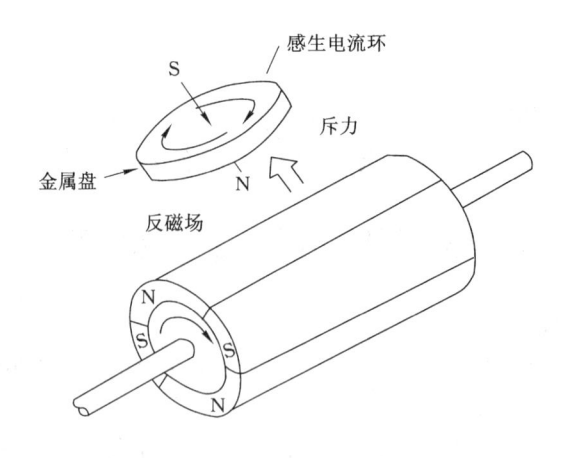

图 3-14-1 涡电流分选原理

对于不同金属物料,斥力 $F_{r成分力}$ 与成分特性有关:

$$F_{r成分力} \propto m\sigma/(\rho s) \tag{3-14-3}$$

式中 m——质量;

σ——电导率;

ρ——密度;

s——物料形状因子。

由 σ/ρ 值可以判断物料所受斥力的大小及分选的难易度。表 3-14-1 列出了一些金属的 σ/ρ 值。形状因子 s 对物料所受斥力的大小也有影响,其值由实验确定。

表 3-14-1 某些金属的 σ/ρ 值

金属	σ/ρ	金属	σ/ρ	金属	σ/ρ	金属	σ/ρ	金属	σ/ρ
铝	14	锌	2.4	锡	1.2	铜	6.7	黄铜	1.7
镁	12.9	金	2.2	铅	0.4	银	6	镍	1.4

把式(3-14-1)和式(3-14-3)合并,即系统斥力 F_r 为:

$$F_r \propto H^2 f m\sigma/(\rho s) \tag{3-14-4}$$

式(3-14-4)指出,对任何给定的导体,斥力及随后的分离效率与相互作用的变量有关,是一个较复杂的函数关系。

在涡电流分选机分选区域,颗粒除受到重力、摩擦力、颗粒间作用力和磁力作用外,选择性偏转的决定性力是磁排斥力。用涡电流分选机从非金属中选择性分选金属时,磁排斥力和重力、摩擦力和颗粒间作用力之间要有向量差别。因

此,用旋转涡电流分选金属和非金属体系时,有下列关系式:

$$F_d^C > \sum_{i=1}^{n} F_{ic}^C \tag{3-14-5}$$

$$F_d^{NC} < \sum_{i=1}^{n} F_{ic}^{NC} \tag{3-14-6}$$

其中　　F_d^C——作用于导体上的磁排斥力;

F_d^{NC}——作用于非导体上的磁排斥力;

F_{ic}^C——作用于导体上的其他力;

F_{ic}^{NC}——作用于非导体上的其他力。

对于非金属来说,由于涡电流接近零,F_d^{NC}减少为零。因此,如果颗粒间作用力可以忽略,决定非导体抛射运动的力是重力和摩擦力的合力。但是,如果F_d^C(当磁性系统静止)为零,导体的抛射轨道与非导体相似。为了使金属颗粒选择性偏转,磁排斥力必须足够大。为确保金属和非金属的分选,需要加强作用于金属导体上的磁排斥力。

涡电流分选机主要用于从工业和生活废料中回收非铁金属,典型的处理对象包括:废铜(铝)电力电缆、铝制品、汽车废料、非铁金属碎屑、印刷电路板、电子废品、多金属(Al、Cu、Pb、Zn)混合物、铸铜(铝)型砂等。在环境保护领域,特别是在非铁金属再生行业,涡电流分选机具有广阔的应用前景。

三、仪器设备及材料

(1) 永磁卧鼓式涡电流分选机(由电磁振动给料机、分选系统及产品收集系统三部分组成),实验装置如图 3-14-2 所示。

图 3-14-2　涡电流分选机

(2) 模拟物料:塑料片(10 mm×7 mm)200 g、铝片(10 mm×10 mm)200 g,可重复使用。

(3) 毛刷,物料收集工具,常用检修工具,天平。

四、实验步骤与操作

(1) 开机

① 先启动皮带,再启动转子,待转子增速充分并稳定后再开启给料机。

② 调整皮带变频器频率(10 Hz、20 Hz、30 Hz)、转子变频器频率(10 Hz、20 Hz、30 Hz)、给料速度(10%、30%、50%)。根据不同物料调整有关参数(皮带转速、转子转速、给料速度),得到最佳分离效果。

③ 将待选物料放入给料机进行分选。

④ 待分选完毕,将集料槽的物料收集、分类、分别称重,记录数据,然后计算分选效率。

(2) 关机

步骤与开机步骤相反。

五、实验中注意事项

(1) 被分离物料中不能含有锋利物质,以免刺破皮带,造成设备损坏。

(2) 对磁场敏感的物质(手机、手表、信用卡、磁卡、磁盘)请远离设备,特别是装有心脏起搏器的人员严禁从事此项工作。

(3) 机器运行中严禁改变转子变频器转向开关,以免造成设备损坏。

(4) 如果改变输入接线或供电电源,必须判断相位,即保证皮带运行方向是向前的。如不正确,则对调三相线中的任何二相线。

(5) 运行中严禁将手伸入传动机构中,处理任何问题必须先将设备断电,待机器完全停止后,方能进行有关工作。

(6) 设备定位后,应对有关部位进行定位加固,确保设备稳定可靠。

六、实验数据记录及整理

(1) 实验原始数据记录于表 3-14-2 中,同时记录观察到的各种现象。

表 3-14-2 涡电流分选实验数据记录表

给料速度 /%	转子变频器频率 /Hz	皮带变频器频率 /Hz	集料箱1 铝/g	集料箱1 塑料/g	集料箱2 铝/g	集料箱2 塑料/g	分选效率 /%
1	2	3	4	5	6	7	8

实验人员_____ 日期_____ 指导教师_____

(2) 分析分选效率与给料速度、转子变频器频率、皮带变频器频率之间的关系。

(3)分选效率采用以下公式来计算：

$$E=\left(\frac{x_1}{x_0}\times\frac{y_2}{y_0}\right)\times 100\% \tag{3-14-7}$$

式中　　E——分选效率；

　　　　x_1——集料箱 2 和 3 中塑料的数量或质量；

　　　　x_0——塑料的总量（数量或质量）；

　　　　y_2——集料箱 1 中铝的数量或质量；

　　　　y_0——铝片的总量（数量或质量）。

七、实验报告

(1) 简述实验目的、原理及操作过程。

(2) 记录实验数据，完成数据表 3-14-2。

(3) 根据式(3-14-7)计算分选效率。

(4) 完成思考题及实验小结。

八、思考题

(1) 物料颗粒的电导率差异是如何影响涡流电选行为的？

(2) 影响涡流电选效率的主要因素有哪些？

(3) 涡流电选机的应用前景是什么？

第四章　浮游分选实验

实验十五　接触角测定实验

一、实验目的

(1) 了解接触角测定装置的基本结构和工作原理；

(2) 学会测定物料接触角的基本操作，结合物理化学知识了解表面活性剂对物料接触角的影响及实际应用。

二、实验原理

润湿分三种基本形式：铺展润湿、附着润湿和浸没润湿，如图 4-15-1 所示。

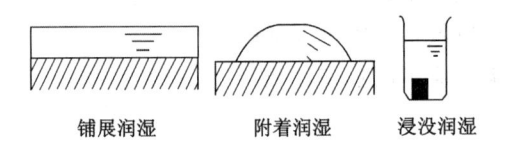

图 4-15-1　三种基本润湿形式

液滴在物体表面扩展并达到平衡状态后，三相周边上某一点引气液界面的切线，该切线与固液界面的夹角 θ 称为润湿接触角，如图 4-15-2 所示。

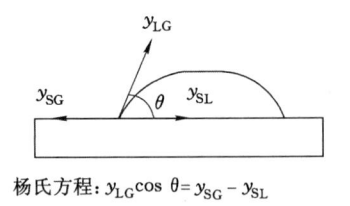

杨氏方程：$y_{LG}\cos\theta = y_{SG} - y_{SL}$

图 4-15-2　接触角定义

物体表面润湿接触角的大小与物体表面被该液体润湿的难易程度有关。对于矿物分选而言，矿粒表面润湿接触角的大小直接反映其可浮性的好坏。

$$润湿性 = \cos\theta \qquad (4\text{-}15\text{-}1)$$

$$矿物的可浮性 = 1 - \cos\theta \qquad (4\text{-}15\text{-}2)$$

式中 θ——润湿接触角。

从上式中可以看出,接触角 θ 值越大,$\cos\theta$ 值越小,说明矿物润湿性越小,而可浮性越好。常见矿物表面润湿性分类如表 4-15-1 所示。

表 4-15-1 矿物表面润湿性分类

类型	表面不饱和键性质	表面同水的作用能 E	接触角	界面水结构	代表性矿物
强亲水性	离子键 共价键 金属键	≫1	无	直接水化层	石英、云母、锡石、刚玉、菱铁矿、高岭石、方解石
弱亲水 弱疏水	离子-共价键(部分自身闭合)	1 左右	无或很小	直接水化层为主	方铅矿、辉铜矿、闪锌矿
疏水性	分子键为主(层面间),离子、共价键为辅(层端、断面)	<1	中等 (40~90 度)	次生水化层为主	滑石、石墨、辉钼矿、叶蜡石
强疏水性	色散力为主的分子键	≪1	大 (90~110 度)	次生水化层	自然硫、石蜡

本实验采用 JC2000 型接触角测量仪测量润湿接触角(图 4-15-3)。该仪器是借助显微摄像和计算机多媒体技术测定接触角的设备,易操作,人为误差小,精度较高。其基本原理是在液滴与被测矿物表面接触瞬间,立刻拍照,然后利用仪器配套图像处理软件得到被测矿物表面接触角。

(a) 样品手动三维平台 　　　(b) 精准加样器 　　　(c) CCD 摄像头、连续变倍系统

图 4-15-3 JC2000 型接触角测量仪

接触角测量仪由样品手动三维平台、精准加样器、CCD 摄像头、连续变倍系

统组成。配一台计算机,对测量仪采集数据进行分析。

三、仪器设备及材料

(1) JC2000 型接触角测量仪。

(2) 微量注射器,洗瓶,去离子水,滴管,煤油。

(3) 矿物磨片:方铅矿、黄铁矿、煤(压片制样)。

(4) 磨料砂纸:400 号、600 号。

四、实验步骤与操作

(1) 仔细阅读接触角测量仪的操作说明书。

(2) 熟悉接触角测量仪的操作过程。

将物料磨片(抛光片)用干净的纸巾擦拭,置于样品台上。调整焦距,显示器上可清晰地看到注射器针头和样品影像,然后用微量注射器(或蠕动泵)给待测样品表面滴一滴水,迅速用鼠标冻结窗口,保存至指定目录。

(3) 量角法测接触角

在测量软件中选择量角法,打开保存图片,通过"W、S、A、D、>、<"移动测量尺。

① 使测量尺与液滴边缘相切相交。

② 下移测量尺交点至液滴顶端。

③ 顺时针旋转测量尺,使其与液滴左端相交,即得到左侧测出的接触角。

④ 再逆时针旋转测量尺,使其与液滴右端相交,点击"补交修正",即得到右侧测出的接触角。

⑤ 两个接触角的算术平均值即本次测量的接触角。

⑥ 移动样品位置,进行平行实验一次。

(4) 将煤油滴在待测煤样(压片样)表面,3 min 后用镜头纸擦干,再次测定润湿接触角。

(5) 整理仪器,清理实验现场,报请指导教师验收和数据记录签字。

五、实验中注意事项

(1) 每次测量时间不可超过 1 min,水滴直径不能太大,最好保持在 1~2 mm。

(2) 测试过程必须注意保持磨片的洁净度,严禁用手直接接触磨片。

(3) 如采集图片含液滴倒影,测量时一定要准确判断三相界面交点。

(4) 为防止产生干扰,各种矿物所用磨料要严格区分。

六、实验数据记录及整理

将实验数据记录在表 4-15-2 中。

表 4-15-2　接触角测定实验记录表

序号	测试对象	表面改性措施或条件	润湿接触角 改性前	润湿接触角 改性后
1				
2				
3				
4				

实验人员：_____　　日期：_____　　指导教师：_____

七、实验报告

(1) 简述实验目的和实验过程。

(2) 记录实验结果及现象。

(3) 分析药剂作用前后接触角的变化，结合界面化学和表面活性剂知识分析表面改性剂的作用机理与实际应用。

(4) 完成思考题及实验小结。

八、思考题

(1) 测试时间太长、液滴直径过大等对测量结果有何影响？

(2) 选矿用捕收剂和抑制剂的作用机理是什么？举例介绍其实际应用。

(3) 如何使用接触角测量仪研究亲水性物料的润湿特性？

实验十六　矿物颗粒 Zeta 电位测定实验

一、实验目的

(1) 掌握 Zeta 电位的测试原理以及 Zeta 电位仪的使用方法；

(2) 利用电泳法测定煤粒等矿物颗粒表面的 Zeta 电位，比较它们的表面电性差异；

(3) 掌握利用 Zeta 电位仪测量矿粒等电点的方法。

二、实验原理

1. 双电层理论

分散于液相介质中的固体颗粒，由于以下原因导致表面常常带有电荷（正电或负电）：① 矿物晶格粒子的有限溶解；② 矿物表面组分的水解和水解组分的分解；③ 溶液中各种粒子在矿物表面上的吸附；④ 晶格中一种离子被另一种离子所取代。

Zeta 电位是描述胶粒表面电荷性质的一个物理量，它是距离胶粒表面一定距离处的电位。

通常,矿物颗粒表面在水溶液中荷电后,其表面吸附相反符号的电荷,在固体表面形成双电层。Stern 修正后的双电层结构模型认为,双电层由双电层内层、紧密层和扩散层三部分组成,如图 4-16-1 所示。

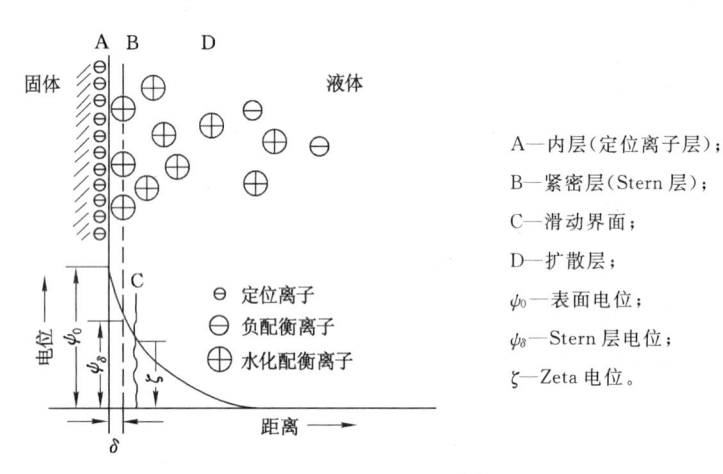

A—内层(定位离子层);
B—紧密层(Stern 层);
C—滑动界面;
D—扩散层;
ψ_0—表面电位;
ψ_δ—Stern 层电位;
ζ—Zeta 电位。

图 4-16-1 双电层结构

当颗粒在外力作用下运动时,双电层中的扩散层与紧密层之间存在滑动界面,滑动界面上电位与溶液内部的电位差即为 Zeta 电位,也就是颗粒在静电力、机械力或重力作用下,带着吸附层沿滑动界面做相对运动时产生的电位差。

2. 电泳法测颗粒的 Zeta 电位

微电泳仪对矿物颗粒进行 Zeta 电位测定是电泳法测定 Zeta 电位的应用。

将盛有被测液(试样)的电泳池两端加上电压,在电场作用下,荷电粒子移向正极或者负极,其移动速度与所带电荷量和外加电压成正比。当电压固定时,粒子带电量越高,移动速度越快,测定到的 Zeta 电位就越大。粒子的移动速度采用显微镜观察其移动一定的距离(以微米计算)所需要的时间(秒)来进行测定,故此法称为显微镜电泳法,颗粒的移动可以通过显示器观察。

通常,电泳池通电后可同时产生两种电动现象,即微粒对溶液的相对运动的电泳现象和溶液对管壁的相对运动的电渗现象。由于电渗影响,电泳池中某一深度的粒子移动速度实际上为电泳和电渗速度的矢量合成,电泳率与电泳池深度呈抛物线关系。按照流体力学定律,在电泳池封闭的条件下,可找到池中某一深度液体层电渗速度为零而只有电泳速度,该液体层即所谓的静止层,因此将显微镜调焦到静止层可观察到真正的电泳速度,然后由下式求得 Zeta 电位:

$$\zeta = \frac{4\pi\eta}{\varepsilon} \cdot \frac{v}{E} \qquad (4\text{-}16\text{-}1)$$

式中　ζ——Zeta 电位；
　　　ε——溶液的介电常数；
　　　E——电场强度；
　　　v——电泳速度；
　　　η——介质黏度。

3. 等电点

等电点是矿粒的一个重要性质。一些表面活性电解质可在矿物表面产生特性吸附，既可改变 Zeta 电位大小，也可改变其符号。Zeta 电位符号改变或 Zeta 电位恰等于零时的电解质活度负对数值称为等电点，通常用 pH 值表示。即在一定的表面活性剂浓度下，改变溶液的 pH 值，当 Zeta 电位等于零时，溶液的 pH 值即为在该条件下该矿物的等电点。图 4-16-2 是某矿煤粒在煤油中 Zeta 电位随 pH 值变化情况，其中 pH＝6.2 时 Zeta 电位为零，则在煤油中此煤粒的等电点为 pH＝6.2。

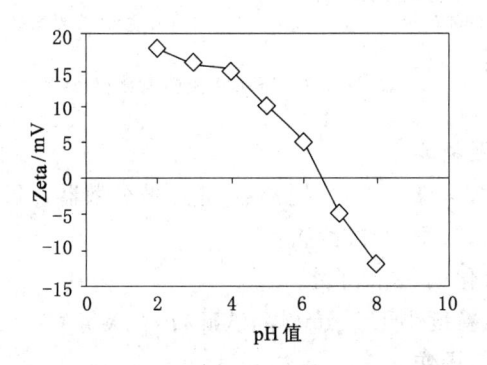

图 4-16-2　某矿煤粒在煤油中 Zeta 电位随 pH 值变化情况

本实验旨在通过测定在某种条件下不同 pH 值矿物颗粒表面的 Zeta 电位，用 Zeta 电位值对 pH 值作图，对应于 Zeta 电位为零的 pH 值即为该矿物颗粒在这种条件下的等电点。

4. 仪器简介

本实验使用 JS94H 型微电泳进行 Zeta 电位测定。该仪器主机及其内部结构如图 4-16-3 所示。

另外，该设备主要附件有电泳池、电极（标"P"的为铂电极，标"Ag"的为银电极）、米字标等。与微电泳仪相配的电脑一台，用来进行数据的采集及分析。

(a) 外形图

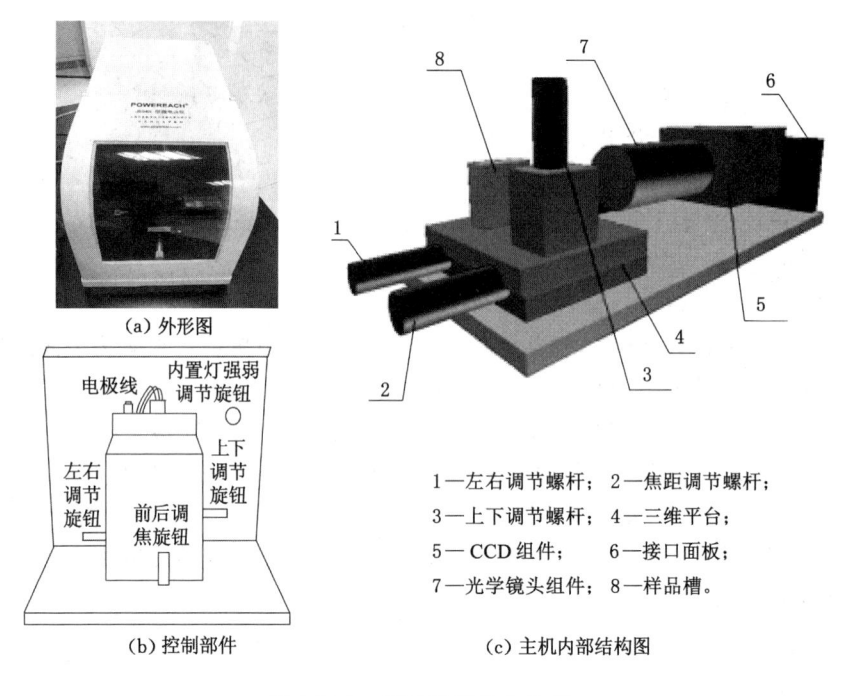

(b) 控制部件

(c) 主机内部结构图

1—左右调节螺杆； 2—焦距调节螺杆；
3—上下调节螺杆； 4—三维平台；
5—CCD 组件；   6—接口面板；
7—光学镜头组件； 8—样品槽。

图 4-16-3　JS94H 型微电泳仪

三、仪器设备及材料

(1) JS94H 型微电泳仪，磁力搅拌器，超声波分散器，pH 计。

(2) 烧杯，量筒，镊子，一次性滴管。

(3) 醋酸，氢氧化钠，去离子水。

(4) 矿物颗粒：粒度小于 5 μm（煤，铁矿石，石英等）。

四、实验步骤与操作

(1) 配制 pH 值分别为 2.0、3.0、4.0、5.0、6.0、7.0、8.0 的水溶液。利用 pH 计对配制溶液进行 pH 值测定。

(2) 样品准备。

取煤中的镜煤组分，并在 CCl_4（$\delta = 1.3 \text{ g/cm}^3$）中进行浮沉实验，上浮的精煤经干燥后，破碎缩分出 1~2 g，放入研钵中磨至 —5 μm。称 20~40 mg 试样，放入 50~100 mL 不同 pH 值溶液中，超声波分散 2 min，磁力搅拌器搅拌 1 h，用 pH 计测量待测溶液 pH 值，配制好的待测液静置待用。

(3) 按照 JS94H 型微电泳仪操作说明，接通电源，打开仪器后置开关，样品槽显示蓝色光源。

(4) 采样操作。

取约 1 mL 待测上清液,注入电泳杯,插入"米"字光标浸洗两次;再取约 0.5 mL 待分散液注入电泳杯,插入"米"字光标,对仪器进行调焦和定位。

取约 1 mL 待测液,注入电泳杯,插入电极浸洗两次;再取约 0.5 mL 待分散液注入电泳杯,插入电极,准备测量。

注意:① 插入电极或"米"字光标时,电泳杯要倾斜,缓慢插入电极或光标,细心观察,避免光标玻片或电极上附着气泡,如有气泡,可重新操作或轻微振动弹出气泡;

② 如果待测液分散体系中 Cl^- 比较多,采用 Ag 电极,通常情况使用 Pt 电极。

(5) 测量。

① 运行 JS94H.exe 即可启动微电泳仪应用程序。微电泳仪应用程序主界面如图 4-16-4 所示。

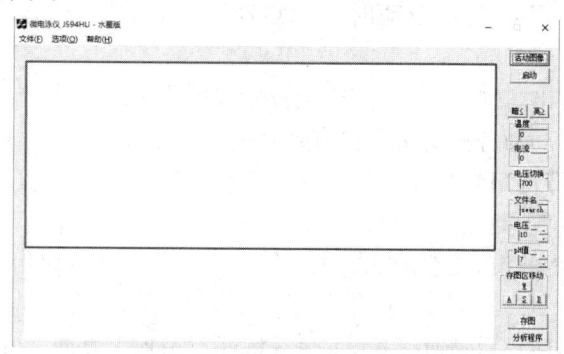

图 4-16-4　微电泳仪应用程序主界面图

② 连接微电泳仪与计算机。进入主界面后请点击"选项"菜单中的"连接",出现"连接成功",表明计算机与仪器的通信沟通成功,如出现出错信息,请检查计算机与仪器的连线是否连接、微电泳仪开关是否打卡。

③ 调焦与定位。将插好"米"字光标并排空气泡的电泳杯擦干外表面,平稳放入样品槽中,轻轻按到底,切忌重压,光标上端标出"前"的一面朝向测试者。

点击程序主界面右上"活动图像",调节上下、左右旋钮和焦距,直到计算机显示器屏幕上显示清晰的"米"字图像,如图 4-16-5 所示。

注意:a. 调焦和定位时,先上下和左右移动旋钮,找到模糊的"米"字并移至红框位置后,再进行调焦。

b. 由于每种样品的折光率不同,换测试样品时,必须重新调焦和定位。

④ 测量。将插入电极并排空气泡的电泳杯的外表面擦干,电泳杯平稳放入样品槽中,轻轻按到底,切忌重压,连上电极线。

点击主程序界面右上"活动窗口",输入样品 pH 值,观察颗粒的运动状态。

图 4-16-5 "米"字光标调焦示意图

当待测胶体颗粒显示左右振动时,按"启动"键,根据提示设置存盘路径和文件名。

仪器内部发出"吧嗒吧嗒"电极切换声音,图像上颗粒会随电极切换左右移动,使用程序主界面右侧"暗-亮"和"存图区移动"快捷键调节,获得所需的画面和画质,同时保持待测颗粒处于取景红框内合适位置,立刻按"存图"键,此时取景红框转为蓝色框,并在蓝色框右下角显示"1-2-3-4",随后蓝色框转为红色框,程序图像采集结束,截取的 2 对四副图像可供分析计算使用。

(6) 分析。

按主程序界面"分析程序"键,进入分析计算子程序界面,如图 4-16-6 所示。

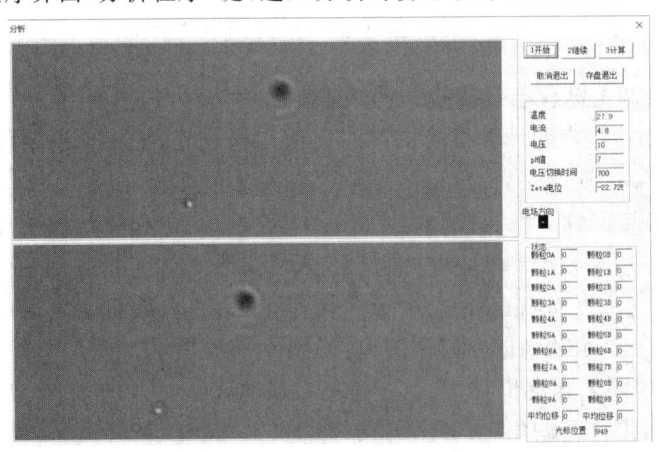

图 4-16-6 分析计算主程序界面

分析计算主程序界面有两个长方形区域分别为定标分析区♯1、♯2,右侧自上至下有三个区域,第一个是操作区,第二个是环境参数区,第三个是定标数据区。

点击操作区"开始"键,选择预先存档的文件"＊＊＊.dat"文件,系统在分析区♯1和♯2调出相应的图像。使用鼠标点击图中颗粒,定标数据区的光标位置会显示数字,表明当前定标位置。具体操作如下:

① 分析区♯1和♯2显示的是同一颗粒的不同位置。选择颗粒尽量分布整个分析区,数量2～4个为宜。

在分析区♯1内确认一个颗粒的位置,将鼠标移至颗粒所在位置,点击确认,在定标数据区"颗粒OA"显示所确认的位置数据,然后根据颗粒位置的相关性,在分析区♯2中确认同一颗粒,鼠标点击确认,在"颗粒OB"显示相应的位置数据,至此获得第一组数据。然后按照上述方法在分析区♯1和♯2获得其他颗粒数据。

② 按照步骤①测量结束后,鼠标点击操作区"继续"键,系统调出第二组图像供用户分析,按照步骤①进行数据采集。

说明:在分析两组图像时,如鼠标确认颗粒位置操作错误,可鼠标右键逐一取消。

③ 判断电荷极性。在第一组图像数据采集时,首先根据"电场方向"判断电场的正负极,在该电场作用下,再根据分析区♯1和♯2两个区域同一颗粒的不同位置进一步判断颗粒荷电极性。

在第二组图像数据采集时,按照相同的方法核验颗粒荷电性。

④ 第二组图像数据采集结束后,点击操作区"计算"键,程序弹出"输入颗粒电荷极性[＋/－]"对话框,根据步骤③的判断,输入颗粒荷电极性,确认后系统计算并将结果显示在环境参数区。

⑤ 鼠标点击操作区"存盘退出"键,系统返回测量主界面,进行下一组测量。

通常在一个条件下,每组样品测量至少5次以上,如前面测量无异常,不更换电泳杯中待测液,继续测量即可。所得结果通过误差分析,并取平均值作为最终的Zeta电位。

注意:如数据误差过大,请重新调整三维平台,观察"米"字光标成像,严格按照上述规程操作。

(7) 实验完毕,依次关闭电泳仪、电脑,用去离子水清洗电泳杯、"米"字光标和电极。

(8) 整理仪器、清理实验现场,报请指导教师验收和数据记录签字。

五、实验中注意事项

(1) 样品准备要求粒度小于5 μm,颗粒充分分散,避免絮凝或聚团。

(2) 取样时,务必将电泳杯中插入的"米"字光标或电极周边气泡排净,在显示器中观察的图像颗粒做左右振荡运动。如颗粒朝一个方向快速运动、左右运动不对称,要拿出电泳杯看气泡是否排净;如颗粒朝下做快速沉降运动,要检查所取待测液是不是上清液,或者更换"米"字光标重新进行调焦和定位。

(3) 如果在测量过程中,发现电极处产生大量气泡,要立即停止实验,判断待测液中是否混入 Cl^-,如混入 Cl^- 要将铂电极更换成银电极重新实验;出现气泡的另一个主因是电极被污染,此时应将电极放入去离子水中超声波清洗后,用裘皮巾擦拭干净。

(4) 测试工作应在 10 min 内完成,时间过久影响测量精度。

六、实验数据记录及整理

(1) 实验条件及测试结果记录于表 4-16-1 中。

表 4-16-1 微电泳仪测量 Zeta 电位结果表

序号	测试对象	pH 值	Zeta 电位数值/mV
1			
2			
3			
4			

实验人员:_____   日期:_____   指导教师:_____

(2) 分析待测矿物颗粒的 Zeta 电位差异,并作图计算出矿物的等电点。

七、实验报告

(1) 简要阐述实验目的、原理和实验过程。
(2) 完成表 4-16-1,作图计算矿物等电点。
(3) 记录实验过程中遇到的问题并结合相关知识进行解释。
(4) 完成思考题及实验小结。

八、思考题

(1) 测试时为何要选取上清液?
(2) 如何计算矿物的等电点?

实验十七 煤泥可浮性实验

一、实验目的

(1) 了解浮选实验装置的结构与工作原理;
(2) 进行单元浮选实验方法的基本训练;

(3) 掌握评价煤泥可浮性的方法。

二、实验原理

1. 浮选基本原理

浮选,是细粒和极细粒物料分选中应用最广、效果最好的选矿方法。矿物表面物理化学性质——疏水性差异是矿物浮选的基础,表面疏水性不同的颗粒其亲气性不同。通过适当的途径改变或强化矿浆中目的矿物与非目的矿物之间表面疏水性差异,以气泡作为分选、分离载体的分选过程即为浮选。浮选过程一般包括以下几个过程。

(1) 矿浆准备与调浆:即借助某些药剂的选择性吸附,增强目的矿物与非目的矿物的润湿性差异。一般通过添加目的矿物捕收剂或非目的矿物抑制剂来实现;有时还需要调节矿浆的 pH 值、温度等其他性质,为后续的分选创造有利条件。

(2) 形成气泡:通过向添加有适量起泡剂的矿浆中充气形成气泡,从而形成颗粒分选所需的稳定气液界面和分离载体。

(3) 气泡的矿化:矿浆中的疏水性颗粒与气泡发生碰撞、附着,形成矿化气泡。

(4) 矿化泡沫层分离:矿化气泡上升到矿浆的表面,形成矿化泡沫层,并通过适当的方式刮出后即为浮物,而亲水性的颗粒则保留在矿浆中成为沉物。

2. 煤泥可浮性评价

煤泥可浮性是指煤泥浮选的难易程度。煤泥可浮性实验,又叫煤泥可比性实验,是全面了解煤的可浮性以及与其有关的物理化学性质的标准实验方法。通常采用《煤粉(泥)实验室单元浮选试验方法》(GB/T 4757—2013)和《选煤实验室分步释放浮选试验方法》(GB/T 36167—2013)评定煤泥(粉)的可浮性。

《煤粉(泥)实验室单元浮选试验方法》适用于粒度小于 0.5 mm 烟煤和无烟煤,由可比性浮选实验和浮选参数实验两部分组成。

可比性浮选实验是对不同煤泥(粉)的可浮性进行比较的实验,也就是对不同的煤样采用相同的实验操作条件进行实验,测定其产率和灰分,并计算可浮性指标进而判断煤样的可浮性等级。

我国煤炭可浮性采用浮选精煤可燃体回收率作为评价指标,参考《煤炭可浮性评定方法》(MT 259—1991)。浮选精煤可燃体回收率 E_c 按下式计算,计算结果取小数点后两位,修约到小数点后一位。

$$E_c = \frac{\gamma_c(100-A_{dc})}{100-A_{df}} \times 100\% \qquad (4\text{-}17\text{-}1)$$

式中　E_c——精煤可燃体回收率,%;

　　　γ_c——浮选精煤产率,%;

A_{dc}——浮选精煤灰分,%;
A_{df}——浮选入料灰分,%。

煤炭可浮性等级见表 4-17-1。

表 4-17-1 可浮性等级

可浮性等级	极易浮	易浮	中等可浮	难浮	极难浮
E_c/%	≥90.1	80.1~90.0	60.1~80.0	40.1~60.0	≤40.0

三、仪器设备及材料

(1) 实验室用浮选机(XFD-1.5),鼓风干燥箱,真空过滤机。
(2) 注射器(容量 0.25 mL,分度值 0.01 mL)。
(3) 微量进样器(容量 0.025 mL,分度值 0.000 5 mL)。
(4) 其他实验物品:秒表,洗瓶,天平,搪瓷盆,搪瓷盘。
(5) 浮选药剂:正十二烷(化学纯)$\delta=0.750$ g/cm³;甲基异丁基甲醇(MIBC)$\delta=0.813$ g/cm³。
(6) 煤样:-0.5 mm 煤样(烟煤或无烟煤)若干,不含浮选药剂。

四、仪器设备的使用方法

浮选实验中最重要的设备是浮选机和加药器。

1. 实验室浮选机的使用方法

实验室使用的浮选机是机械搅拌式单槽浮选机,型号 XFD-1.5。它由叶轮、定子、竖轴、充气管和槽体等部分组成。浮选槽如图 4-17-1 所示。

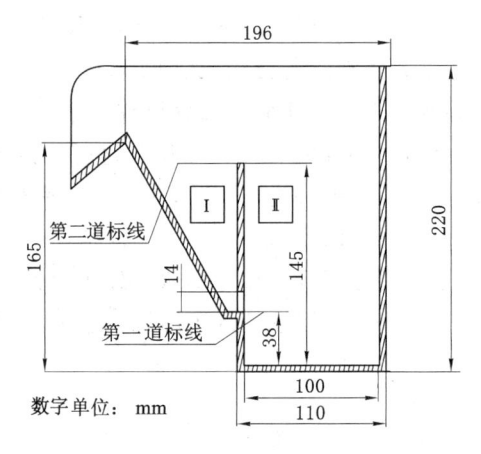

Ⅰ—静止区;Ⅱ—搅拌区。
图 4-17-1 浮选槽结构示意图

XFD-1.5型浮选机的槽体有效容积为1.5 L,分为静止区和搅拌区。静止区底部有一循环孔,在安装槽体时,必须使静止区底部的循环孔与充气搅拌装置上的循环孔相对应,保证矿浆的良好循环。

浮选机安装好后,接通电源,打开刮板开关。刮板顺时针方向旋转,说明浮选机主轴、刮板旋转方向正确;否则就是电源线接反了。

进行浮选实验时,浮选机主轴转速应控制在1 800 r/min,过高或过低都应适当调整。充气量控制在0.25 m³/(m²·min)。

2. 浮选药剂的添加方法

浮选药剂的添加方法有微量进样器体积法和注射器点滴法。

(1) 微量进样器体积法

微量进样器是光谱分析所用的进样工具,具有加药量准确、操作方便等优点。使用微量进样器可以直接量取药剂的体积并加到矿浆中。当药剂用量确定后,加药体积按下式计算:

$$V = \frac{Q \times P}{\rho \times 10^6} \tag{4-17-2}$$

式中 V——所需添加药剂的体积,mL;

Q——单份浮选试样质量(干物料),g;

P——单位煤样用药剂量,g/t;

ρ——浮选药剂密度,g/cm³。

待所需添加药剂体积计算结果出来后,根据加药量大小选择适当规格的微量进样器(或微量注射器)。常用的微量注射器有0.25 mL和0.5 mL两种规格,微量进样器有0.1 mL、0.05 mL、0.025 mL、0.01 mL和0.005 mL五种规格。

(2) 注射器点滴法

注射器点滴法要求预先测出注射器加药剂的滴重,然后将加药量折算成相应的滴数,最后使用注射器逐滴加入。具体方法如下:

① 根据加药量大小,选一容积合适的注射器和针头,针头在实验过程中不可更换。

② 注射器装入药剂后,注射器应处于垂直状态,缓慢用力推动活塞使药剂从针头滴出,每滴时间间隔需均匀,滴出速度不宜过快,以40~60滴/min为宜。

③ 将表面皿清洗后,送恒温箱(105 ℃±5 ℃)烘干,在分析天平上称重。

④ 准确滴50滴在表面皿上,称出表面皿和药剂总质量,计算药剂滴重。

$$d = \frac{w}{50} \tag{4-17-3}$$

式中　　d——药剂滴重,g/滴;
　　　　w——50 滴药剂的质量,g。

⑤ 实验药剂量确定后,添加滴数 n 按下式计算:

$$n=\frac{Q\times P}{d\times 10^6} \quad (4\text{-}17\text{-}4)$$

式中　　Q——单份浮选试样质量(干物料),g;
　　　　P——单位煤样用药剂量,g/t。

所计算的 n 值可能是非整数,可取整数滴添加。为了提高实验精度,加药量按实际加入滴数计算。

⑥ 加药时注射器应保持垂直状态,充气阀门关闭。加药点选在主轴附近矿浆紊流区。

五、实验步骤与操作(以煤泥浮选为例)

1. 实验条件

(1) 水质:蒸馏水或去离子水,也可使用自来水。

(2) 矿浆温度:(20±10) ℃。

(3) 矿浆浓度:(100±1)g/L。

(4) 药剂及单位消耗量

捕收剂:正十二烷,(1 000±10) g/t 干煤。

起泡剂:甲基异丁基甲醇(MIBC),(100±1)g/t 干煤。

(5) 浮选机工况

叶轮转速:1 800 r/min。

叶轮直径:60 mm。

充气量:0.25 m³/(m²·min)

2. 实验步骤(流程见图 4-17-2)

(1) 检查、清洗浮选槽并安装就位。加水至浮选槽第二道标线(图 4-17-1),调试浮选机,使转速、充气量达到规定值。停机,关闭进气阀门,倒出浮选槽内的水。

(2) 计算煤样和药剂质量,称取所需试样。

① 称量煤样,准确到 0.1 g。实验煤样质量按照下式计算:

$$W=\frac{1.5\times c}{100-M_{ad}}\times 100 \quad (4\text{-}17\text{-}5)$$

式中　　W——实验煤样质量(干物料),g;
　　　　c——矿浆浓度,取 100 g/L;
　　　　M_{ad}——空气干燥煤样的水分,%。

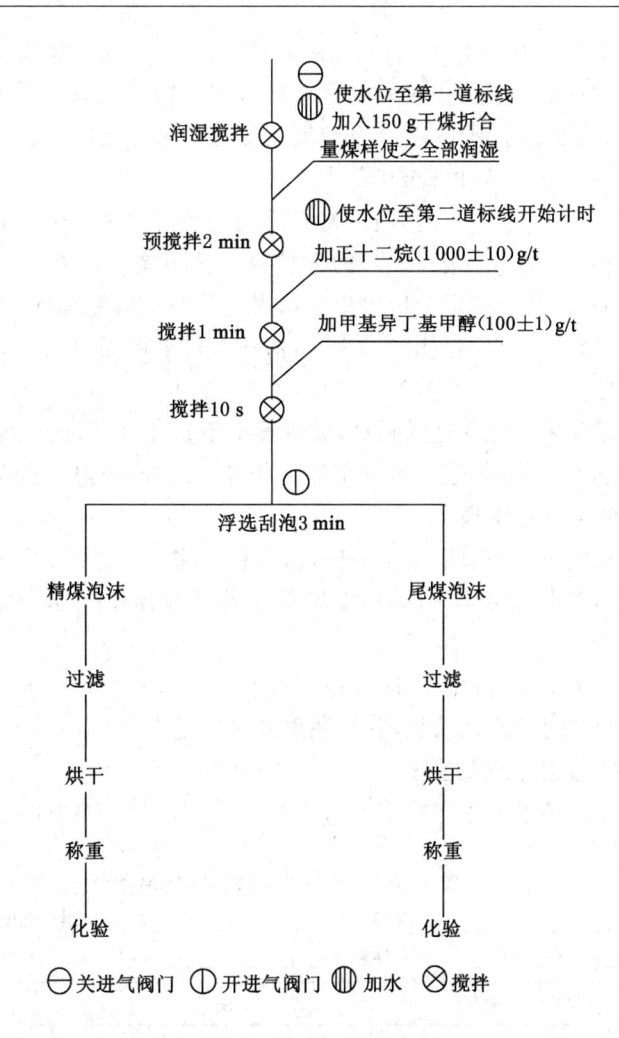

```
润湿搅拌 ⊗ ─── ⊖ 使水位至第一道标线
              ─── ⦷ 加入150 g干煤折合
                   量煤样使之全部润湿

              ─── ⦷ 使水位至第二道标线开始计时
预搅拌2 min ⊗ ─── 加正十二烷(1 000±10)g/t

搅拌1 min  ⊗ ─── 加甲基异丁基甲醇(100±1)g/t

搅拌10 s   ⊗

              ─── ① 浮选刮泡3 min

精煤泡沫              尾煤泡沫
  │                   │
 过滤                 过滤
  │                   │
 烘干                 烘干
  │                   │
 称重                 称重
  │                   │
 化验                 化验

⊖ 关进气阀门   ① 开进气阀门   ⦷ 加水   ⊗ 搅拌
```

图 4-17-2 可比性实验流程图

② 按式(4-17-2)分别计算捕收剂和起泡剂的用量,并使用微量注射器准确量取待用。

(3) 调浆:浮选机中加水至第一道标线(图 4-17-1),开动浮选机,加入已称好的煤样,搅拌至煤样全部润湿。加水调节矿浆液面达第二道标线(图 4-17-1),此时矿浆体积约为 1.5 L。

(4) 启动秒表计时,搅拌 2 min 后,向矿浆液面下加入预先量好体积的捕收剂正十二烷(注意加药点位置)。1 min 后,再向矿浆液面下加入量好体积的起泡剂。

（5）继续搅拌 10 s 后，开启充气阀向矿浆中充气，同时开始刮泡（人工刮泡或机械刮泡），根据泡沫层厚度的变化全槽宽收取精矿泡沫（切勿刮出矿浆）至专门物料盆中，控制补水速度，整个刮泡期间保持矿浆液面恒定。刮泡后期用洗瓶将浮选槽壁黏附的泡沫冲洗至矿浆中。

（6）刮泡 3 min 后，停止刮泡，关闭浮选机和充气阀，停止补水。将尾煤排放到专用盆内，沉积在浮选槽下部的颗粒要冲洗至尾煤容器中。黏附在刮板及浮选槽溢流唇边、槽壁的颗粒应收集到精煤产品中。向浮选槽中加入清水，开动浮选机搅拌清洗，直至浮选槽洗净为止，清洗水排至尾煤中。

（7）重复实验一次。

（8）精煤和尾煤分别过滤脱水，滤饼置于不超过 75 ℃ 的恒温干燥箱中进行干燥。冷却至空气干燥状态后，分别称重并测定灰分，必要时测定硫分。

六、实验中注意事项

（1）本实验应严格遵照实验条件进行，否则将无可比性。

（2）补加清水时要均匀，做到溢流唇没溢流，刮泡时不刮水、不压泡。保证矿浆液面的恒定。

（3）各浮选工序的操作时间误差不得超过 2 s。

（4）采用注射器点滴法加药时，注射器必须垂直。

七、实验数据记录及整理

（1）将实验结果分别记在表 4-17-2 中。

表 4-17-2　煤泥可浮性实验结果表

煤样名称：_____　　采样日期：_____　　煤样粒度：_____ mm

煤样灰分：_____　　煤样硫分：_____

产品名称	精煤				尾煤				计算入料			
	质量 W/g	产率 γ/%	灰分 A_d/%	硫分 $S_{t,d}$/%	质量 W/g	产率 γ/%	灰分 A_d/%	硫分 $S_{t,d}$/%	质量 W/g	产率 γ/%	灰分 A_d/%	硫分 $S_{t,d}$/%
第一次实验												
第二次实验												
综合结果												
实验误差												

实验人员：_____　　日期：_____　　指导教师：_____

（2）误差分析。可比性浮选实验的误差应符合以下规定，若超差则本次实验作废，必须重做。

① 质量损失

精煤和尾煤质量之和(即计算入料质量)与实际浮选入料质量相比,其损失率不得超过3%。

② 灰分允许差值

A. 煤样(浮选入料)灰分小于20%时,与计算原煤灰分的相对差值不得超过±5%;

B. 煤样(浮选入料)灰分大于或等于20%时,与计算原煤灰分的绝对差值不得超过±1%。

③ 平行实验误差分析

A. 精煤产率允许误差不得超过1.6%。

B. 精煤灰分允许误差:

a. 当精煤灰分小于或等于10%时,绝对误差小于或等于0.4%,即

$$|A_{c1}-A_{c2}|\leqslant 0.4\% \qquad (4\text{-}17\text{-}6)$$

b. 当精煤灰分大于10%时,绝对误差小于或等于0.5%,即

$$|A_{c1}-A_{c2}|\leqslant 0.5\% \qquad (4\text{-}17\text{-}7)$$

式中 A_{c1}——第一次实验的精煤灰分,%;

A_{c2}——第二次实验的精煤灰分,%。

(3) 将表4-17-2中实验结果以精煤和尾煤质量之和作为100%分别计算其产率。计算取小数点后两位。

(4) 根据式(4-17-1)计算浮选精煤可燃体回收率E_c,根据表4-17-1判断煤样的可浮性等级。

八、实验报告

(1) 简要阐述实验目的和实验过程。

(2) 进行实验结果的记录及整理。

(3) 计算浮选精煤可燃体回收率,评定实验煤泥的可浮性等级。

(4) 完成思考题及实验小结。

九、思考题

(1) 可浮性实验使用的正十二烷和甲基异丁基甲醇起到什么作用?其作用机理是什么?

(2) 可浮性实验为什么要严格按照实验条件进行?

(3) 可燃体回收率作为浮选指标,其含义是什么?

(4) 实验操作过程中,搅拌调浆阶段为什么不能充气?如果将干试样直接倒入已加好水的浮选槽中可能会发生什么现象?

实验十八　煤泥浮选速度实验

一、实验目的
(1) 从浮出精煤顺序和时间角度考察煤泥的浮选行为；
(2) 对煤泥可浮性进行评价和研究；
(3) 掌握绘制可浮性曲线的方法。

二、实验原理
浮选速度实验是从时间角度来考察煤泥浮选行为的，也是了解浮选过程快慢的实验。煤泥可浮性好，浮选速度快，其精煤产率高。

浮选速度实验又叫浮选鉴定实验，是一次加药多次刮泡的连续浮选实验。

为了消除浮选工艺条件的影响，浮选速度实验必须在最佳浮选工艺条件下进行。最佳浮选工艺条件可根据《煤粉（泥）实验室单元浮选试验方法》(GB/T 4757—2013)，从浮选药剂选择实验、浮选条件实验、分次加药流程实验三个阶段，采用正交实验设计方案获得。在最佳浮选工艺条件下进行浮选速度实验，通常在浮选刮泡时间 0.25 min、0.25 min、0.5 min、1 min、1 min、2 min 分别收集产物 1～产物 6，尾煤为产物 7。刮泡时间可根据实验情况进行调整。实验初期泡沫量大，刮泡时间稍微短一些；随着实验的进行，泡沫产量逐渐减少，刮泡时间相应增加。

根据浮选速度实验结果，经过整理计算后，其数据可绘制可浮性曲线（图 4-18-1）。

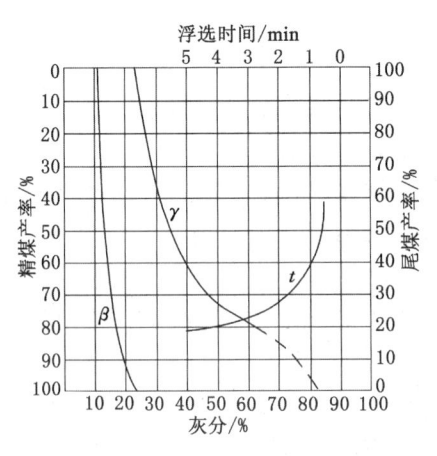

β—精煤产率-灰分曲线；γ—尾煤产率-灰分曲线；t—浮选时间-精煤产率曲线。

图 4-18-1　煤泥可浮性曲线

从曲线上可以计算煤泥浮选速率常数,它是建立浮选速度数学模型的基础。浮选速度实验又可作为最佳条件鉴定实验,用于煤泥的可浮性研究。

三、仪器设备及材料

(1) 实验室用浮选机(XFD-1.5),鼓风干燥箱,真空过滤机。

(2) 注射器 2 支(0.5 mL,0.1 mL 各 1 支)。

(3) 其他实验物品:秒表,洗瓶,天平,搪瓷盆,搪瓷盘。

(4) 浮选药剂(见实验步骤与操作)。

(5) 煤样:－0.5 mm 煤样(烟煤或无烟煤)若干。

四、仪器设备的使用方法

仪器设备的使用方法同实验十七。

五、实验步骤与操作

1. 实验条件

(1) 浮选浓度为 100 g/L。

(2) 药剂用量:煤油 1 500 g/t,仲辛醇 100 g/t。

(3) 主轴转速为 1 800 r/min,刮泡次数为 30 r/min,充气量为 0.25 $m^3/(m^2 \cdot min)$。
最佳实验条件由指导教师根据煤样特性给定。

2. 实验过程及步骤

(1) 清洗浮选槽,调试浮选机,按照实验十七要求进行。

(2) 按照实验十七操作,计算煤样质量,称取煤样。计算药剂量,选取加药器,取计算药剂量,并标明药剂名称。

(3) 浮选槽中添加自来水,使水位达到第一道标线。关闭充气阀门,开动浮选机,加入称好的煤样,搅拌煤样待全部润湿后,加水使矿浆液面达到第二道标线,此时矿浆体积约为 1.5 L。

(4) 用秒表计时,矿浆搅拌 2 min 后向矿浆加入捕收剂,搅拌 2 min,再向矿浆加入起泡剂。

(5) 30 s 后,打开充气阀,给矿浆充气,开动刮板刮取泡沫产品,并贴上标签。

(6) 泡沫产品分多次刮取,刮泡时间依次为 0.25 min,0.25 min,0.5 min,1 min,1 min,2 min。分别收集刮出产物 1~产物 6,产物 7 为尾煤。

(7) 刮出产物 6 后,关闭充气阀门,停机,并将槽壁的煤泥冲洗至尾煤容器;溢流唇及刮板的煤泥洗入产物 6 中。将尾煤倒入搪瓷盆。用清水冲洗浮选槽及搅拌装置,清洗水排至尾煤中。

(8) 将七个产品分别过滤脱水,滤饼置于不超过 75 ℃的恒温干燥箱中干燥至恒重。冷却室温后分别称重,同时制样化验灰分。

(9) 必要时进行硫分、发热量、挥发分、黏结指数或胶质层指数(X,Y)分析(后三项只限于精煤)。对最终产品(精煤和尾煤)进行筛分粒度分析。尾煤试样不少于 50 g,筛分级别至少 4 级:>500 μm、500~125 μm、125~45 μm、-45 μm。对最终产品进行煤岩分析,对产品中的有机质及无机质要有数量分析和各组分嵌布状态的描述。

以上分析项目可根据需要增减。

六、实验中注意事项

(1) 实验中补加清水要均匀,必须保证刮泡时不刮水,不积压泡沫。
(2) 严格执行各操作工序的时间,误差不超过 2 s。
(3) 煤泥加入浮选槽后,一定要全部润湿,不打团,没有"假粒"存在。

七、实验数据记录及整理

(1) 实验数据记录在表 4-18-1 中。

表 4-18-1 煤泥浮选速度实验记录

实验编号:＿＿＿＿＿ 煤样名称:＿＿＿＿＿ 煤样粒度:＿＿＿＿＿ mm

矿浆浓度:＿＿＿＿＿g/L 叶轮转速:＿＿＿＿＿r/min 单位充气量:＿＿＿＿＿m³/(m²·min)

捕收剂名称及单位消耗量:＿＿＿＿＿g/t 气泡剂名称及单位消耗量:＿＿＿＿＿g/t

产品编号	盘号	浮选产品	浮选时间/min	质量/g	产率/%	灰分/%	累计产率/%	累计灰分/%
1		精煤1	0.25					
2		精煤2	0.25					
3		精煤3	0.50					
4		精煤4	1.00					
5		精煤5	1.00					
6		精煤6	2.00					
7		尾煤	—					
		合计		5.00				

实验人员:＿＿＿＿＿ 日期:＿＿＿＿＿ 指导教师:＿＿＿＿＿

(2) 实验误差符合实验十七规定。

八、实验报告

(1) 简要叙述实验的目的、意义及实验过程。
(2) 按照要求进行数据处理,绘制可浮性曲线(方法参考附录 B)。
(3) 完成思考题及实验小结。

九、思考题

(1) 为什么浮选速度实验要严格控制操作时间？

(2) 为什么精煤刮泡时间间隔逐渐增加？

实验十九　煤泥分步释放浮选实验

一、实验目的

(1) 通过分步释放实验，了解待测煤泥试样中不同可浮性物料的数、质量分布规律，建立实验室浮选的理论指标；

(2) 掌握分步释放实验方法和整理实验结果的方法；

(3) 学习设计评价浮选效果实验的标准方法。

二、实验原理

分步释放实验是利用煤与矿物杂质的表面疏水性差异，在浮选过程中按疏水性从强到弱、对应灰分从小到大依次分成不同产品的单元浮选实验。

浮选方法按照《选煤实验室分步释放浮选试验方法》(GB/T 36167—2018)规定的浮选工艺条件进行，通过一次粗选多次精选(一般为四次)，将煤泥分选成实际可浮性不同的若干产物，其实验结果可描述待测定煤样中不同可浮性产物的数、质量分布规律。分布释放浮选实验流程如图 4-19-1 所示。该方法适应于 −0.5 mm 的烟煤和无烟煤。

三、仪器设备及材料

(1) 实验室用浮选机(XFD-1.5)。

(2) 微量注射器(容量 0.25 mL，分度值 0.01 mL)，微量进样器(容量 0.025 mL，分度值 0.000 5 mL)。

(3) 可控温烘箱，真空过滤机。

(4) 物料盆若干，天平 1 台。

(5) 入浮试样 1 kg。

(6) 浮选药剂：捕收剂，正十二烷(密度取 0.75 g/cm^3)；起泡剂，仲辛醇(密度取 0.821 g/cm^3)。

四、实验条件

1. 固定实验条件

(1) 实验用水：自来水。

(2) 矿浆温度：20 ℃±10 ℃。

(3) 浮选机叶轮转速：(1 800±10)r/min。

(4) 刮泡转速：30 r/min。

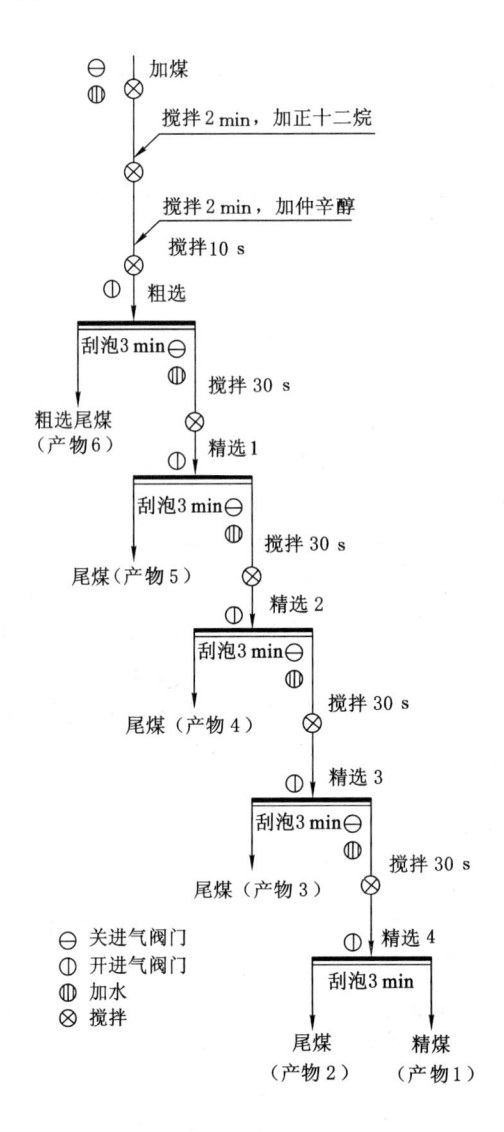

```
         ⊖
         ⊕  ⊗ ← 加煤
            │
            │ 搅拌2 min，加正十二烷
            ⊗
            │
            │ 搅拌2 min，加仲辛醇
            ⊗ 搅拌10 s
            │
            ① 粗选
    ┌───────┴───────┐
    │ 刮泡3 min ⊖ ⊕ │
    └───┬───────┬───┘
        │       │ 搅拌30 s
   粗选尾煤     │
   (产物6)     ⊗ 精选1
        ┌──────┴──────┐
        │ 刮泡3 min ⊖ ⊕│
        └───┬──────┬───┘
            │      │ 搅拌30 s
      尾煤(产物5)  │
                   ⊗ 精选2
            ┌──────┴──────┐
            │ 刮泡3 min ⊖ ⊕│
            └───┬──────┬───┘
                │      │ 搅拌30 s
         尾煤(产物4)   │
                       ⊗ 精选3
                ┌──────┴──────┐
                │ 刮泡3 min ⊖ ⊕│
                └───┬──────┬───┘
                    │      │ 搅拌30 s
             尾煤(产物3)   │
  ⊖ 关进气阀门             │
  ⊕ 开进气阀门             ① 精选4
  ⊕ 加水          ┌────────┴────────┐
  ⊗ 搅拌          │   刮泡3 min     │
                  └──┬───────────┬──┘
                     │           │
                   尾煤         精煤
                  (产物2)      (产物1)
```

图 4-19-1 分步释放浮选实验流程

(5) 矿浆与捕收剂搅拌时间：2 min。

2. 选择实验条件

分步释放浮选实验作为评定选煤厂浮选工艺效果的基础性实验标准，在选煤科研、生产及教学领域得到广泛应用，但固定实验条件不一定对任何煤粉（泥）都是最佳实验条件，所以要进行可浮性优化实验确定最佳的浮选工艺条件。可浮性优化实验条件如表 4-19-1 所示。

第四章 浮游分选实验

表 4-19-1 可浮性优化实验条件

实验条件	捕收剂用量[①]/(g/t 干煤粉)	起泡剂用量/(g/t 干煤粉)	矿浆浓度/(g/L)	浮选机单位面积充气量/[m³/(m²·min)]
1	800	80	60	0.15
2	1 000	100	80	0.20
3	1 200	120	100	0.25

注:① 对于低阶烟煤,捕收剂用量(g/t 干煤泥)为:1 500、2 500、3 000。

用四因素三水平正交设计[$L_9(3)^4$]进行九次实验(表 4-19-2),选择在精煤灰分符合要求条件下,按《选煤厂浮选工艺效果评定方法》(GB/T 34164—2017)中浮选完善指标 η_{wf} 最高值的实验条件作为分步释放浮选实验的条件。必要时则进行正交实验结果分析,经验证后确定最佳分步释放实验条件。$L_9(3)^4$ 正交实验结果计算如表 4-19-3 所示。

$$\eta_{wf}=\frac{\gamma_j}{100-A_y}\times\frac{A_y-A_j}{A_y}\times 100 \tag{4-19-1}$$

式中 η_{wf}——浮选完善指标,%;
A_y——计算入料灰分,%;
A_j——浮选精煤灰分,%。

表 4-19-2 四因素三水平正交设计实验排次 $L_9(3^4)$ 及实验结果表

排次	正十二烷用量/(g/t)		仲辛醇用量/(g/t)		矿浆浓度/(g/L)		单位面积充气量/[m³/(m²·min)]		产率/%	灰分/%	η_{wf}
1	800	A_1	80	B_1	60	C_1	0.15	D_1	γ_1	A_{d1}	η_{wf1}
2	800	A_1	100	B_2	80	C_2	0.20	D_2	γ_2	A_{d2}	η_{wf2}
3	800	A_1	120	B_3	100	C_3	0.25	D_3	γ_3	A_{d3}	η_{wf3}
4	1 000	A_2	80	B_1	80	C_2	0.25	D_3	γ_4	A_{d4}	η_{wf4}
5	1 000	A_2	100	B_2	100	C_3	0.15	D_1	γ_5	A_{d5}	η_{wf5}
6	1 000	A_2	120	B_3	60	C_1	0.20	D_2	γ_6	A_{d6}	η_{wf6}
7	1 200	A_3	80	B_1	100	C_3	0.20	D_2	γ_7	A_{d7}	η_{wf7}
8	1 200	A_3	100	B_2	60	C_1	0.25	D_3	γ_8	A_{d8}	η_{wf8}
9	1 200	A_3	120	B_3	80	C_2	0.15	D_1	γ_9	A_{d9}	η_{wf9}

说明:(1) 因素:正十二烷(A)、仲辛醇(B)、矿浆浓度(C)、单位面积充气量(D);(2) 水平:每个因素包含三个水平,数值由小到大排列,表示为:A_1、A_2、A_3、B_1、B_2、B_3、C_1、C_2、C_3、D_1、D_2、D_3。

表 4-19-3　$L_9(3^4)$ 正交实验结果计算表

指标	精煤产率(γ)/%				精煤灰分(A_d)/%			
	A	B	C	D	A	B	C	D
K_1	$\gamma_1+\gamma_2+\gamma_3$	$\gamma_1+\gamma_4+\gamma_7$	$\gamma_1+\gamma_6+\gamma_7$	$\gamma_1+\gamma_5+\gamma_9$	$A_{d1}+A_{d2}+A_{d3}$	$A_{d1}+A_{d4}+A_{d7}$	$A_{d2}+A_{d6}+A_{d7}$	$A_{d2}+A_{d4}+A_{d9}$
K_2	$\gamma_4+\gamma_5+\gamma_6$	$\gamma_2+\gamma_5+\gamma_8$	$\gamma_2+\gamma_4+\gamma_9$	$\gamma_2+\gamma_6+\gamma_7$	$A_{d4}+A_{d5}+A_{d6}$	$A_{d2}+A_{d5}+A_{d8}$	$A_{d3}+A_{d4}+A_{d8}$	$A_{d1}+A_{d6}+A_{d8}$
K_3	$\gamma_7+\gamma_8+\gamma_9$	$\gamma_3+\gamma_6+\gamma_9$	$\gamma_3+\gamma_5+\gamma_7$	$\gamma_3+\gamma_4+\gamma_8$	$A_{d7}+A_{d8}+A_{d9}$	$A_{d3}+A_{d6}+A_{d9}$	$A_{d1}+A_{d5}+A_{d9}$	$A_{d3}+A_{d5}+A_{d7}$
H_1	$K_1/3$	$K_1/3$	$K_1/3$	$K_1/3$	$K_1/3$	$K_1/3$	$K_1/3$	$K_1/3$
H_2	$K_2/3$	$K_2/3$	$K_2/3$	$K_2/3$	$K_2/3$	$K_2/3$	$K_2/3$	$K_2/3$
H_3	$K_3/3$	$K_3/3$	$K_3/3$	$K_3/3$	$K_3/3$	$K_3/3$	$K_3/3$	$K_3/3$
$H_{max}-H_{min}$								

数据分析:(1) 分别计算产率区和灰分区四个因素的($H_{max}-H_{min}$)值,通过差值大小判断影响精煤产率和精煤灰分的主次因素。(2) 在各因素中按精煤产率高、精煤灰分低的原则选择 A、B、C、D 四因素中的最佳水平,通过表 4-19-2 确定该水平条件下 η_{wf} 值,判断是否是表 4-19-2 最佳 η_{wf} 并进行分析讨论,最终确定最佳分步释放实验条件。

如煤样前期按照《煤粉(泥)实验室单元浮选试验方法》(GB/T 4757—2013)进行"浮选参数"实验研究,则按照"浮选速度实验"采用的浮选药剂种类、用量、煤浆浓度和浮选机单位面积充气量作为分步释放浮选实验的选择条件。

五、实验步骤与操作

1. 实验准备

(1) 计算并称取实验煤样(称准到 0.1 g)

$$G=\frac{150\times g_1}{100-M_{ad}} \quad (4\text{-}19\text{-}2)$$

式中　G——实验煤样质量,g;
　　　g_1——可浮性优化实验确定的矿浆浓度,g/L;
　　　M_{ad}——空气干燥煤样的水分,%。

(2) 计算捕收剂和起泡剂体积,并用微量注射器取捕收剂和起泡剂。

$$V=\frac{Q\times G}{10^6\times \delta} \quad (4\text{-}19\text{-}3)$$

式中　V——捕收剂、起泡剂的体积,mL;
　　　Q——可浮性优化实验确定的捕收剂、起泡剂的用量,g/t;
　　　δ——捕收剂、起泡剂密度,g/cm³。

2. 实验过程

(1) 实验按照图 4-19-1 分步释放浮选实验流程进行。

(2) 向浮选槽加水至第二道标线,开动并调试浮选机,使叶轮转速、单位充气量达到规定值,停机,关闭进气阀门,放完浮选槽内的水。

（3）向浮选槽内加水至第一道标线，开动浮选机后向槽内加入称量好的煤样（精确值 0.1 g），搅拌至煤样全部润湿后，再加水使矿浆液面达到第二道标线。

（4）启动秒表计时，搅拌 2 min 后向矿浆液面下加入捕收剂，搅拌 2 min 后再向矿浆液面下加入起泡剂。

（5）搅拌 10 s 后，打开进气阀门，同时开始刮泡（人工刮泡或机械刮泡），随着泡沫层厚度的变化全槽宽收取精矿泡沫（切勿刮出矿浆），控制补水速度，使矿浆液面在整个刮泡期间保持恒定。刮泡后期用洗瓶将浮选槽壁黏附的泡沫冲洗到矿浆中。

（6）刮泡至 3 min 后，停止刮泡，关闭进气阀门和浮选机，粗选结束。将尾煤放至专门产品盆内，并标注为"产物6"，沉积在浮选槽下部的颗粒要清洗至尾煤中。粘在刮板及浮选槽唇边、槽壁的颗粒应收至泡沫产物中。

（7）将泡沫产物全部导入浮选槽内进行第一次精选，加水至矿浆液面达到第二道标线，开动浮选机搅拌 30 s 后打开进气阀门，同时开始刮泡，刮泡时间 3 min。第一次精选结束，重复步骤（6），分别收集尾煤和精煤，尾煤标注为"产物5"，精煤作为下一次精选的入料。

（8）重复步骤（7），依次精选出产物 4,3,2,1。

（9）尾煤及各产物经澄清、过滤脱水后，置于 75 ℃ 的恒温干燥箱中进行干燥，冷却至空气干燥状态后称重并测定灰分，必要时应测定全硫。各产物的质量称准到 0.1 g，产率、灰分、硫分的数据取小数点后两位。

（10）当产物 4 的产率大于 40% 时，则需另做在精选 2 环节补加捕收剂 200 g/t 干煤泥的实验；当产物 1 的产率大于 50% 时，则需另做精选 5 和精选 6 的实验。

（11）平行实验两次。

六、实验中注意事项

（1）在多次精选过程中，应特别重视清洗和过滤工序，严防试样损失。要求将清洗用水量控制到最低，同时又要把设备、器具清洗干净。过滤时，要使滤饼面积最小。

（2）考虑多次精选会造成物料损失超差，当待测煤样的粗选精煤泡沫量较少（由于粗选浓度偏低或粗选精煤产率偏低）时，可将粗选重复 2~3 次，然后将粗选精煤泡沫和粗选尾煤浆分别集中收集，集中后的粗选精煤泡沫产品再进行精选。

（3）为简化操作，一般可按照经验估计，第一次加捕收剂和起泡剂的 60%，通过浮选刮泡，观察浮选槽中尾矿水的颜色，若出现淡黄色，则粗选过程结束。否则，再次少量加捕收剂和起泡剂，继续浮选。精煤与第一次粗选精煤合并，若出现淡黄色，则粗选过程结束。否则，再次少量加捕收剂和起泡剂，继续浮选……直至浮选尾矿出现淡黄色。

七、实验数据记录及整理

(1) 绘制分步释放浮选实验流程图,并标注产品编号。按表 4-19-4 记录整理分步释放浮选实验原始数据。

(2) 实验误差分析

① 实验质量误差:实验煤样(入料)质量与产物 1 至产物 6 质量和之差不得大于 4%。

② 实验煤样与产物加权平均灰分允许误差应符合下列规定:

a. 实验煤样(入料)灰分小于或等于 20% 时,相对误差不得超过 5%;

b. 实验煤样(入料)灰分大于 20% 时,绝对误差不得超过 1%。

③ 平行实验产物 1 至产物 5 累计产率的绝对差值不得超过 2%,平均灰分绝对差值不得超过 0.5%,否则实验无效。

(3) 经误差检验,平行实验数、质量误差合格的数据,产率按算术平均法,灰分按加权平均法计算综合结果,如表 4-19-5 所示。

(4) 应用综合结果绘制分布释放浮选曲线。

表 4-19-4 分步释放浮选实验结果表

产物编号	第一次实验结果						第二次实验结果					
	质量/g	产率/%	灰分/%	累计产率/%	累计灰分/%	全硫/%	质量/g	产率/%	灰分/%	累计产率/%	累计灰分/%	全硫/%
1												
2												
3												
4												
5												
6												

表 4-19-5 分步释放浮选实验综合结果

产物编号	1	2	3	4	5	6	计算入料
产率/%							
灰分/%							
累计产率/%							—
平均灰分/%							—
全硫/%							

煤样名称:_____
采样日期:_____
煤样灰分:_____%
煤样全硫:_____%
煤样质量:_____g
煤样全水分:_____%

实验人员:_____ 日期:_____ 指导教师:_____

八、实验报告

(1) 简述实验原理及分步释放实验的主要操作步骤和注意事项。
(2) 对分步释放实验报告表中实验数据进行误差分析及综合计算。
(3) 利用综合计算数据,绘制分步释放浮选曲线。
(4) 完成思考题及实验小结。

九、思考题

(1) 何谓煤泥的实际可浮性?为什么用一次粗选多次精选的流程可以分离出实际可浮性不同的产品?
(2) 煤泥可浮性曲线与煤泥可选性曲线中浮物曲线有何区别?怎样用它们评价浮选效果?如何解释?

实验二十 磁铁矿反浮选提铁降硅实验

一、实验目的

(1) 掌握氧化铁矿物的浮选过程及药剂制度;
(2) 练习并掌握浮选药剂的配制过程;
(3) 了解正浮选和反浮选的区别。

二、实验原理

磁铁矿经磁选后,铁精矿的品位较低,硅含量较高(一般为 5%~10%),是高炉炼铁高燃比、高焦比、产量低、效益低的最根本原因。通常,磁选精矿往往需要经过浮选进一步降低铁精矿中硅的含量,提高铁精矿的品位。磁选铁精矿中的主要脉石矿物是石英。磁铁矿的分子式为 Fe_3O_4,含 Fe 为 72.4%,一般采用脂肪酸类捕收剂浮选。浮选时常用捕收剂为油酸、氧化石蜡皂、妥尔油等脂肪酸类和石油磺酸盐等。它的抑制剂有淀粉、糊精、单宁酸和水玻璃等。

一般主要有三种不同的磁铁矿浮选流程:① 用阳离子捕收剂反浮选石英;② 用阴离子捕收剂正浮选磁铁矿;③ 用阴离子捕收剂反浮选活化后的石英。

本实验采用①和③两种分选流程,分别配制阳离子捕收剂和阴离子捕收剂,进行磁铁矿反浮选实验(药剂配制步骤见附录 C)。

三、仪器设备及材料

(1) 矿样:磁铁矿(-200 网目大于 65%)5 kg。
(2) 药剂:十二胺,浓盐酸,氢氧化钠,油酸,玉米淀粉,氧化钙,去离子水。
(3) 设备及工具:挂槽浮选机,真空过滤机,烘箱,荧光光谱分析仪,秒表,洗瓶,物料盆,恒温加热磁力搅拌器。
(4) 其他工具:pH 试纸,10 mL 移液管,洗耳球,50 mL 烧杯,25 mL 烧杯,

20 mL 塑料注射器,10 mL 塑料注射器,2 mL 玻璃注射器,1 L 容量瓶,500 mL 容量瓶,洗瓶等。

四、实验步骤与操作

(1) 按规定配制铵类阳离子捕收剂和油酸钠阴离子捕收剂。

(2) 学习操作规程、熟悉设备结构、了解操作要点;试机运转,确保实验顺利进行和人机安全。

(3) 检查、清洗浮选槽并安装就位。

(4) 浮选条件

① 矿浆浓度:40%。

② 药剂单位消耗量

油酸钠(10%,g/mL):200 g/t;

氢氧化钠(10%,g/mL):1 200 g/t;

淀粉溶液(3%,g/mL):1 200 g/t;

石灰石:800 g/t;

十二胺(2%,g/mL):100 g/t,150 g/t。

(5) 计算和称取所需试样、药剂量。

① 磁铁矿质量:矿浆浓度40%,磁铁矿密度4.5 g/cm³,水的密度取1.0 g/cm³。使用1.5 L浮选机,则

$$\frac{x}{4.5} + 1.5x = 1\ 500$$

磁铁矿计算值为871(g)。

② 药剂量计算

a. 氢氧化钠药剂用量

$$871 \times \frac{1\ 200}{10^6} \div 10\% = 10.45 (\text{mL})$$

b. 淀粉溶液用量

$$871 \times \frac{1\ 200}{10^6} \div 3\% \approx 35 (\text{mL})$$

c. 石灰用量

$$871 \times \frac{800}{10^6} \approx 0.7 (\text{g})$$

d. 油酸钠用量

$$871 \times \frac{200}{10^6} \div 10\% = 1.74 (\text{mL})$$

e. 十二胺用量

$$871 \times \frac{100}{10^6} \div 2\% \approx 4.36 (\text{mL})$$

(6) 阳离子捕收剂反浮选石英实验流程

按图 4-20-1 所示进行实验操作。建议粗选与精选的药剂比为 4∶6。

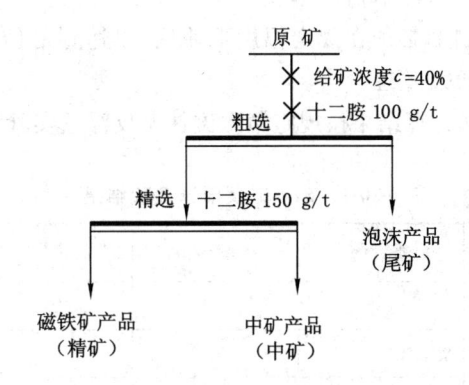

图 4-20-1 磁选精矿阳离子捕收剂反浮选石英工艺流程

(7) 阴离子捕收剂反浮选活化后的石英实验流程

按图 4-20-2 所示进行实验操作。

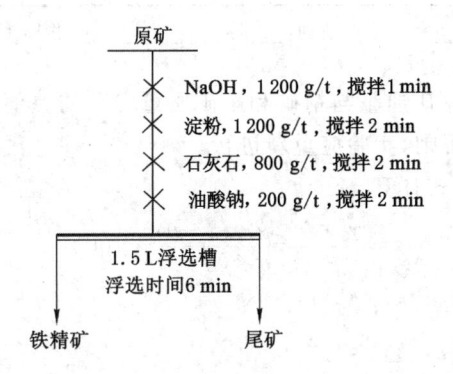

图 4-20-2 磁选精矿阴离子捕收剂反浮选石英工艺流程

整个实验过程中，矿浆温度控制在 45 ℃左右，配制好的淀粉溶液及油酸钠预热到 45 ℃再按计算药剂量取药。加入氢氧化钠调整矿浆 pH 值在 10～11

之间。

(8) 将分选产品过滤脱水,烘干(不超过 105 ℃)至恒重,冷却至室温后称重,并制样分析化验。

(9) 整理仪器及实验场所。

五、实验中注意事项

(1) 药剂当天配制当天使用,配制过程中注意反应时间及搅拌强度,避免混合不均匀影响反应效果。

(2) 点滴法加药剂时注射器应垂直。

(3) 捕收剂和抑制剂必须在规定温度下使用,以达到最佳效果。

六、实验数据记录及整理

(1) 将实验数据和计算结果按规定填入磁铁矿反浮选实验结果表 4-20-1 中。

表 4-20-1　磁铁矿反浮选实验结果

工艺流程	产品名称	质量/g	产率 γ/%	品位 β/%	回收率 ε/%
阳离子捕收剂	原矿				
	精矿				
	尾矿				
阴离子捕收剂	原矿				
	精矿				
	尾矿				

实验人员:_____　日期:_____　指导教师:_____

(2) 误差分析:原矿质量与精矿和尾矿质量之和的差值,不得超过浮选实验前试样质量的 1%,否则,实验应重新进行。

(3) 回收率按下式计算

$$\varepsilon = \frac{\gamma_c \times \alpha}{\beta} = \frac{\beta \times (\alpha - \theta)}{\alpha \times (\beta - \theta)} \times 100\% \qquad (4\text{-}20\text{-}1)$$

式中　γ_c——精矿产率,%;

　　　α——精矿品位,%;

　　　β——原矿品位,%;

　　　θ——尾矿品位,%。

七、实验报告

(1) 简述实验原理及磁铁矿反浮选实验的主要操作步骤。

(2) 对实验结果进行分析。
(3) 完成思考题及实验小结。

八、思考题

(1) 为什么细粒的磁铁矿不能用磁选的方法得到较好的回收率？
(2) 阴离子捕收剂反浮选活化后的石英实验中各种药剂的作用机理分别是什么？
(3) 单力场条件下磁铁矿分选方法有哪些？其优缺点是什么？
(4) 查阅资料，了解磁铁矿分选的新技术。

实验二十一　微细矿物油团聚分选实验

一、实验目的

(1) 加深对疏水絮凝等界面分选原理和方法的理解与认识；
(2) 了解油团聚分选实验的操作过程和影响因素。

二、实验原理

油团聚又称球团聚，是微细矿物分选的一种有效界面分选方法。油团聚的基本原理是：矿石磨到一定细度后，用分散剂分散矿浆，使各种矿物颗粒在矿浆中充分分散；加入表面活性剂弱化颗粒表面的水化膜，提高目的矿物的疏水性；加入中性油，中性油与分散在水介质中的矿物或其他颗粒接触，在搅拌产生的剪切力作用下，一方面中性油分散成液珠，另一方面在范德瓦耳斯力、静电力和疏水作用力等的共同作用下，疏水颗粒通过油桥连接起来形成油聚团。

油团聚有成团、生长、平衡三个主要阶段。首先会形成较小的种子油团，在搅拌、剪切作用下，种子油团不断的兼并、黏合形成大的稳定油团。这种絮团一般粒度较大，强度较高，表面油光发亮，可以采用筛分方法分离回收。

影响油团聚的主要因素有颗粒分散程度、捕收剂及中性油用量、搅拌强度、搅拌时间、pH值等。其中，搅拌强度要控制一定程度，搅拌强度太小，颗粒之间的碰撞力太小，颗粒间油膜较厚造成颗粒间黏附力小，形成的絮团强度低，若搅拌强度太大，絮团容易被打散。

选择性油团聚分选法已用于煤炭、铁矿、黑钨矿、锡石、金矿、重晶石、钛铁矿等多种矿物的分选领域。

三、仪器设备及材料

(1) 调速机械搅拌器，真空过滤机。
(2) 250 mL锥形瓶，玻璃棒，10 mL注射器，筛孔0.5 mm的标准圆筛（$\phi=200$ mm），洗瓶，瓷盆（$\phi=200$ mm），滤纸。

(3) 硅酸钠,煤油(柴油),煤泥($-75~\mu m$)。

四、实验步骤与操作

本实验可以研究矿浆浓度、药剂用量、搅拌强度及搅拌时间对油团聚分选效果的影响,也可根据需要研究其他因素对分选效果的影响。

分选条件:矿浆浓度 100 g/L,药剂用量 30%,分散剂用量 1 g/L,在 250 mL 锥形瓶中研究搅拌强度对分选效果的影响。

(1) 计算并称取煤样和药剂量

① 煤样量:$100\times 250\times 10^{-3}=25(\text{g})$

② 药剂用量:一般药剂量按照 20%~50% 干煤质量计算,煤油的密度取 0.814 g/cm³。本实验药剂量为 30%,需要取煤油的体积 10 mL,计算如下:
$$25\times 30\% \div 0.814 \approx 10(\text{mL})$$

③ 分散剂用量:分散剂按照 1 g/L 使用,配制矿浆体积 250 mL,则需要的分散剂(硅酸钠)的量为 0.25 g。

(2) 根据浓度要求用量筒准确量取该浓度下所需的水量,倒入洗瓶中。

(3) 将 150 mL 水和 0.25 g 分散剂(硅酸钠)加入 250 mL 锥形瓶中,将锥形瓶置于机械搅拌器下,调整搅拌叶片的高度,使下端与烧杯底部距离 1 cm 左右,启动搅拌装置,转速控制在 500 r/min,使硅酸钠充分溶解,无颗粒。

(4) 用卷纸法将称取的煤样移入锥形瓶中,开机搅拌至少 10 min,补加水至 250 mL,加水时注意将锥形瓶壁上的煤(矿)样冲入锥形瓶中。

(5) 调整搅拌速度(1 000 r/min、1 200 r/min、1 400 r/min、1 600 r/min),搅拌时间 15~30 min,将称量好的药剂量加入锥形瓶中,计时开始。

(6) 密切观察锥形瓶中颗粒絮团的变化情况,注意成团过程的三个主要阶段。

(7) 搅拌结束,用圆筛(ϕ0.5 mm)对矿浆进行分级(注意用洗瓶喷洗筛上物),筛下尾矿进行过滤。

(8) 将精矿和尾矿烘干、称重、制样、化验。

五、实验中注意事项

(1) 分散剂加入后,一定要搅拌均匀,使之充分溶解无颗粒,再加入煤样。

(2) 实验过程中,注意观察锥形瓶中矿浆颜色的变化以及矿浆中颗粒成球现象。

(3) 整个实验过程需要机械搅拌,观察现象时须佩戴护目镜。如发生搅拌器叶片碰撞锥形瓶,应及时停止搅拌。

六、实验数据记录及整理

(1) 将每个实验的数据记录于表 4-21-1 中。

第四章 浮游分选实验

表 4-21-1 油团聚分选实验数据表

	实验序号	矿浆浓度/%	煤油用量/%	搅拌速度/(r/min)	入料粒度/μm	入料灰分/%
稳定条件	1					
	2					
	3					

	实验序号	团聚物质量/g	团聚物产率/%	团聚物灰分/%	尾矿质量/g	尾矿灰分/%
分选结果	1					
	2					
	4					

实验人员：_____ 日期：_____ 指导教师：_____

(2) 分析实验现象。

七、实验报告

(1) 简述实验原理及微细矿物油团聚实验的主要操作步骤。
(2) 对实验结果进行计算。
(3) 完成思考题及实验小结。

八、思考题

(1) 根据物理化学的原理，分析球团形成的原因。
(2) 油团分选过程为什么需要一定强度的搅拌？
(3) 球团分选与选择性絮凝有何区别？

第五章　固液分离实验

实验二十二　煤泥水沉降速度实验

一、实验目的

(1) 掌握悬浮液沉降特性实验的基本操作方法；
(2) 了解实验用絮凝剂的性质和作用机理；
(3) 学习絮凝剂的配制过程和方法。

二、实验原理

煤炭和矿物分选需要消耗大量的水,选煤厂和选矿厂中的水一般都需要经过沉淀浓缩处理后循环使用。这些尾矿水中经常含有大量的微细易泥化矿物质颗粒,如黏土、滑石等,这些颗粒沉降速度慢,造成循环水浓度高,严重影响了选煤和选矿的分选效果,因此,选煤厂和选矿厂的尾矿水的沉降显得非常重要。

引起煤泥水中微细颗粒长时间悬浮、不易沉淀的原因主要有以下三点,其中第一点是主因：

(1) 悬浮液中的微细固体颗粒表面带有电荷,由于排斥作用而保持分散；
(2) 微细颗粒表面有未补偿的键能,极性水分子定向排列,形成水化膜,阻止颗粒间相互接触；
(3) 微细颗粒质量轻,受水分子热运动强烈影响,导致其稳定悬浮在水体中。

通常,加入无机电解质凝聚剂可以抵消颗粒表面的电荷,然后靠颗粒间的吸附作用聚团；加入有机絮凝剂主要通过高分子活性基团的架桥作用使颗粒形成絮团。两者配合使用往往效果更佳。煤泥水沉降用无机电解质凝聚剂有：明矾、三氯化铝、硫酸铝、三氯化铁、硫酸亚铁、四氯化钛、聚合铝、聚铁等；有机高分子化合物絮凝剂常用聚丙烯酰胺(PAM)。

加入药剂后,随着絮团的增大沉降速度加快,沉降过程中出现明显的澄清界面,如图 5-22-1 所示。其中 1~6 表示矿浆在量筒中沉降的整个过程。由澄清界面的下降速度可绘出沉降时间与澄清界面下降距离(即澄清区高度)的曲线——沉降曲线(图 5-22-2)。

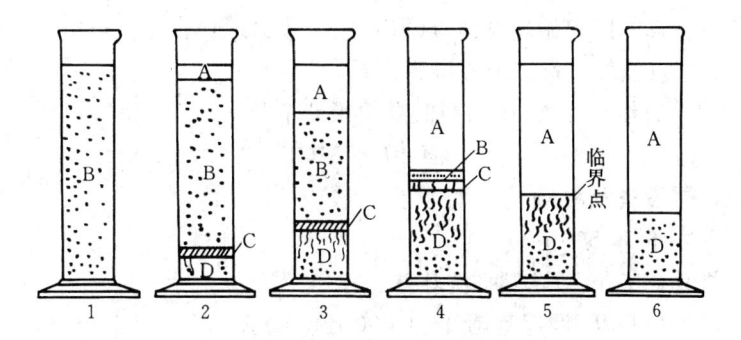

A—澄清区；B—过渡区；C—沉降区；D—压缩区。

图 5-22-1　矿浆沉降过程中的分区现象

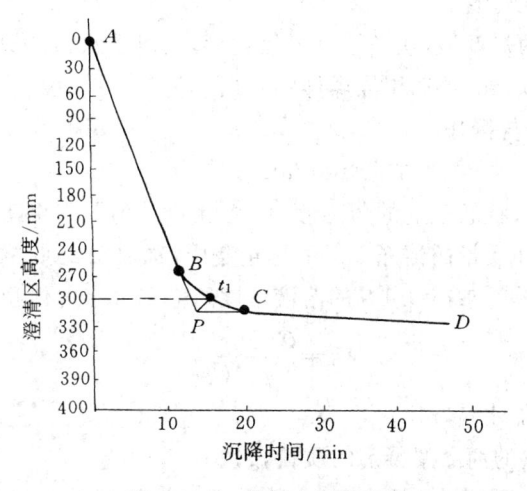

图 5-22-2　煤泥水沉降曲线

沉降曲线由三段组成。AB 段表明悬浮液在沉降区是等速沉降,直线的斜率越大,沉降速度越快;BC 段是个渐变过程,曲线斜率逐渐减小,表明悬浮液浓度渐增,沉降速度减少;CD 段是斜率很小的直线,属于沉淀物被压缩阶段。

澄清界面的初始沉降速度可用下式计算：

$$v = \frac{M_i \sum_{i=A}^{B} T_i H_i - \left(\sum_{i=A}^{B} T_i\right)\left(\sum_{i=A}^{B} H_i\right)}{M \sum_{i=A}^{B} T_i^2 - \left(\sum_{i=A}^{B} T_i\right)^2} \tag{5-22-1}$$

式中　v——澄清界面的初始沉降速度,mm/s;

T_i——某一累计时刻($i=0、1、2、3……n$),s;

H_i——对应于 T_i 的澄清界面累计下降距离,mm;

A——直线段起始端型值点顺序号(一般 $A=1$);

B——直线段末端型值点顺序号;

M——直线段 A 到 B 的型值点的累计个数。

$$M=B-A+1 \tag{5-22-2}$$

三、仪器设备及材料

(1) 具塞量筒(500 mL)。

(2) 烧杯(500 mL),洗瓶,洗耳球。

(3) 磁力搅拌器(调速范围 0～1 000 r/min)。

(4) 注射器(容量 1 mL、5 mL、10 mL)。

(5) 大肚移液管(20 mL、50 mL)。

(6) 蛇形日光灯管。

(7) 粉状聚丙烯酰胺(阴离子型),氯化钙,去离子水,自来水。

(8) 小于 0.5 mm 浮选尾煤煤样 500 g。

四、实验步骤与操作

(1) 配制 0.1%聚丙烯酰胺 100 mL

摇动盛有粉末状絮凝剂的药剂瓶,使之混合均匀。用牛角勺以最少的次数将絮凝剂装进已知质量的洁净干燥的称量瓶中,称取 0.25 g,称量时要求准确到 0.01 g,按式(5-22-3)求出 0.1%的溶液浓度所需稀释水的体积 V_p:

$$V_p = \frac{G(C-C_p)}{\rho \cdot C_p} \tag{5-22-3}$$

式中 V_p——添加水量,mL;

G——称量的商品絮凝剂的质量,g;

C——商品絮凝剂的纯度(以小数表示),%;

C_p——所配制的絮凝剂水溶液浓度,%;

ρ——添加水的密度,g/cm³(本次实验取水的密度值 $\rho=1$ g/cm³)。

使用量筒将所求出的稀释水量注入 500 mL 烧杯中,再将烧杯置于磁力搅拌器上,开启磁力搅拌器,调整转速使液体产生强烈涡流。将称好的絮凝剂均匀分散在涡流面上,待絮凝剂全部加完后,将磁力搅拌器转速调至 300～400 r/min,搅拌 2 h(此时间可根据具体要求确定),温度要低于 50 ℃,使絮凝剂颗粒完全溶解。若搅拌完毕后仍有未溶解的颗粒,此溶液作废,重新配制。

(2) 沉降实验

① 用普通坐标纸制成纸带,粘在于 500 mL 量筒壁上,以 500 mL 刻度为原点,单位为 mm,方向向下建立纵坐标。

② 称取试样 40 g。

③ 将称好煤样缓慢倒入 250 mL 烧杯中,用少量清水进行润湿,等全部润湿后,用玻璃棒将煤泥水导入 500 mL 量筒中,洗瓶将烧杯及玻璃棒上黏附的煤泥冲洗进量筒中,补加清水至 500 mL,盖紧玻璃塞,上下倒置 5 次,使煤泥充分分散。

④ 将蛇形日光灯管扭成垂直状,开启开关,放置在量筒附近,以观察澄清界面的形成和下降情况。

⑤ 根据给定的药剂单元耗量,按照式(5-22-4)计算絮凝剂溶液的用量。

$$V_n = \frac{\eta \times V}{C_p \times \rho_p} \tag{5-22-4}$$

式中 V_n——絮凝剂溶液用量,mL;

η——絮凝剂药剂单元耗量,g/m³;

V——待处理煤泥水的量,m³;

C_p——配制的絮凝剂水溶液浓度,%(本实验浓度取 0.1%);

ρ_p——配制的絮凝剂水溶液的密度,g/cm³(通常取 $\rho_p = 1$ g/cm³)。

如实验中处理 500 mL 煤泥水,药剂单元耗量为 0.8 g/m³、1.2 g/m³、1.6 g/m³、2.4 g/m³、3.2 g/m³、4.0 g/m³,对应的絮凝剂用量由式(5-22-4)计算得 0.4 mL、0.6 mL、0.8 mL、1.2 mL、1.6 mL、2.0 mL。

⑥ 将待测煤泥水静置,用移液管抽出与所加絮凝剂体积相同的上清液。

⑦ 用注射器吸取由式(5-22-4)计算的絮凝剂用量,一次性加入盛有待测煤泥水的量筒中,盖紧玻璃塞,上下翻转 5 次,转速以每次翻转时气泡上升完毕为止。

⑧ 当翻转结束后,迅速将量筒立于蛇形日光灯管前,并立即开始计时。澄清界面每下降 0.5~1 cm 的距离,记录沉降时间,开始时沉降速度较快,以 1 cm 为单位记录时间,待澄清界面接近压缩区时,再以 0.5 cm 为记录间隔,直至沉淀物的压缩体积不发生明显变化。在记录沉降时间时,应由 1 人读沉降高度,1 人同时读时间,1 人负责记录数据。

⑨ 实验开始后 10 min,用移液管插入量筒液面下 100 mm 处抽取澄清液 50 mL,测定澄清液浓度。澄清液浓度测定可用烘干法。

⑩ 按照上述操作步骤进行平行实验。

上述实验操作所给的药剂用量和其他参数仅以浮选尾煤为研究对象,如实验中不是采用尾煤样,药剂用量根据情况由指导教师确定。

五、实验中注意事项

(1) 固体聚丙烯酰胺用量少,称量时要求准确到 0.01 g。

(2) 聚丙烯酰胺水溶液的配制搅拌过程中,如出现丝状絮状物,应继续搅拌,直至其完全溶解。

(3) 在量筒上下翻转过程中,翻转次数、力度和时间应基本一致。

（4）翻转结束，立即放置于蛇形日光灯前并启动秒表计时。

（5）在沉降最后阶段，沉降速度特别慢，一定要继续记录时间和距离，否则水平线段无法绘制。

（6）测量上清液浓度时，抽取澄清液要避免抽出液面下悬浮的煤粒。

六、实验数据记录及整理

（1）将实验数据填入表 5-22-1 中。

（2）以澄清液面下降距离为纵坐标，沉降时间为横坐标绘制沉降曲线。

（3）计算初始沉降速度。在沉降曲线上，沉降起始点至压缩状态出现之前的线段内，以直线段部分的斜率作为初始沉降速度值，也可采用式（5-22-1）计算初始沉降速度。

（4）两次平行实验的相对误差不超过 8%，以算术平均值作为实验基础数据。

表 5-22-1 悬浮液絮凝沉降实验结果表

悬浮液来源：_____　　　絮凝剂名称：_____
悬浮液浓度：_____　　　相对分子质量：_____
取 样 日 期：_____　　　类　　　型：_____
配 制 日 期：_____　　　絮凝剂溶液浓度：_____

顺序号	絮凝剂用量_____ g/m³			
	实验 1		实验 2	
	时间/s	距离/mm	时间/s	距离/mm
1				
2				
3				
4				
5				
6				
7				
8				
9				
10				
⋮				
初始沉降速度/(cm/min)				
平均初始沉降速度/(cm/min)				
上澄清液浓度/(g/L)				
沉积物高度/cm				

实验人员：_____　　日期：_____　　指导教师：_____

七、实验报告

(1) 叙述实验目的和主要操作过程。

(2) 绘制沉降速度曲线,计算初始沉降速度。

(3) 完成思考题及实验小结。

八、思考题

(1) 此实验中,如煤泥中细泥含量较高,沉降后的澄清水会出现什么现象?试从理论上分析。如果要使澄清水变清,你将采用什么方法?

(2) 高分子絮凝剂的作用机理是什么?絮凝剂的相对分子质量对其性能有何影响?

(3) 试比较分析絮凝和凝聚。

实验二十三 悬浮液的过滤脱水实验

一、实验目的

(1) 了解实验装置的基本原理,掌握过滤实验的基本操作过程;

(2) 了解判断过滤难易程度的方法;

(3) 掌握细粒物料过滤特性的测定方法。

二、实验原理

真空过滤是固液分离的常规方法,通常用过滤特性来表征物料真空过滤脱水的难易程度。过滤过程中过滤的阻力是变化的:

(1) 过滤的开始阶段,滤液通过过滤介质时受到过滤介质(如滤布等)的阻力;

(2) 当过滤介质表面形成滤饼以后,滤液则必须同时克服过滤介质和滤饼阻力;

(3) 当滤饼厚度增加到相当程度时,滤饼的阻力将成为主导,过滤介质阻力的影响程度将逐渐减弱,甚至可以忽略。

一般用滤饼的体积比阻 γ 作为细粒物料过滤性能的评价指标。滤饼的体积比阻 γ (1/m²) 是指悬浮液中黏度为 1 Pa·s 的液相以 1 m/s 的速度通过厚度 1 m 的滤饼层所需要的压差(真空度)。即

$$\gamma = \frac{2pM}{\mu X} \quad (5-23-1)$$

式中 γ——滤饼的体积比阻,1/m²;

p——真空度,Pa;

M——t'_i/V'_i-V'_i 曲线的斜率(也可用最小二乘法计算),s/m²;

μ——滤液的动力黏度,Pa·s(20 ℃近似取 $\mu=1.135\times10^{-3}$ Pa·s);
X——滤饼体积与滤液容积的比值。

三、仪器设备及材料

(1) 过滤装置(图 5-23-1):真空泵,具小孔玻璃板布氏漏斗(1 L,24#,ϕ11),标口锥形瓶(1 L,24#)。

(2) 电子台秤(最小分度值 0.01 g),烘箱,电磁炉。

(3) 深度游标卡尺(最小分度值 0.02 mm),秒表,ϕ11 cm 滤纸。

(4) 烧杯(2 000 mL),量筒(500 mL),玻璃棒,湿式分样器(或二分器)。

(5) 细粒物料:-0.5 mm 浮选精煤与浮选尾煤各 2 kg 待用,也可选用其他细粒物料。

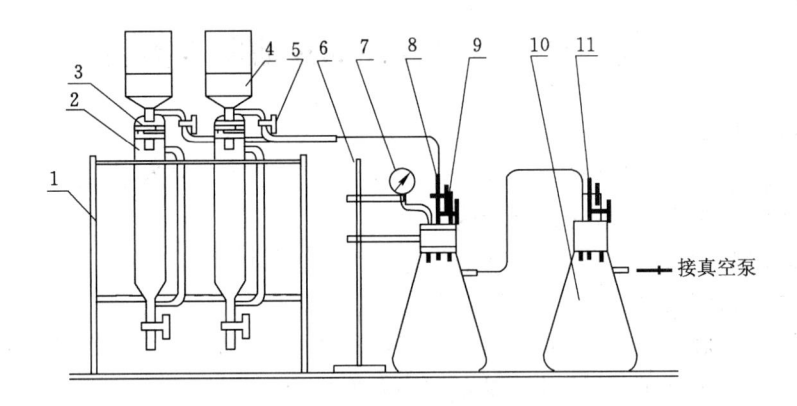

1,6—架子;2—滤液计量管口;3—橡皮塞;4—布氏漏斗;
5,11—二通活塞;7—真空表;8—三通活塞;9—调节阀;10—吸滤瓶。

图 5-23-1 过滤装置示意图

四、实验步骤与操作

(1) 对实验装置系统进行检查、调试,判断是否有漏气。

(2) 将浮选精煤配成 300 g/L 浓度的煤浆 2 000 mL,煤样粒度小于 0.5 mm。

(3) 将 ϕ11 cm 滤纸两张严实平铺在具小孔玻璃板布氏漏斗底部,称量漏斗及滤纸的质量 M_1。

(4) 用二分器缩分 500 mL 煤浆,倒入量筒中,上下翻转 5 次,使煤样彻底润湿。一次注入布氏漏斗中,同时打开真空泵开关,使滤瓶内产生负压。

(5) 打开真空泵同时记录滤液体积(V_i)和时间间隔(t_i),直至滤饼表面可见水分消失,立即关闭真空泵,过滤结束。

(6) 用深度游标卡尺测量滤饼不同对称位置 8 个点的厚度,并称重漏斗、滤纸及滤饼的总质量 M_2,则滤饼的质量为: $M=M_2-M_1$。

(7) 计算滤饼密度(kg/m^3),即

$$\rho_1 = \frac{M}{A \times H} \tag{5-23-2}$$

式中　ρ_1——滤饼密度,kg/m^3;

　　　A——滤饼面积(滤板面积),m^2;

　　　H——8 个点滤饼厚度的平均值,m;

　　　M——滤饼质量,kg。

(8) 煤浆试样质量浓度的测定。用二分器缩分 500 mL 煤浆,称量煤浆试样质量 G_3 后放入 1 000 mL 烧杯中,用电磁炉加热,待大部分水蒸干后,放入烘箱中,温度控制在 105~110 ℃,干燥 1~1.5 h,然后取出放入干燥皿中冷却至室温,再称干试样质量 G_2,试样质量浓度按照下式计算:

$$c = \frac{G_2}{G_3} \times 100\% \tag{5-23-3}$$

式中　c——试样质量浓度,%;

　　　G_2——干试样质量,kg;

　　　G_3——煤浆试样质量,kg。

(9) 测量滤饼全水分。用棋盘法取滤饼样放入称量瓶中,烘箱温度控制在 105~110 ℃,干燥 1~1.5 h,然后取出放入干燥皿中冷却至室温,测滤饼全水分 M_t。

(10) 实验结束,整理实验装置。

五、实验中注意事项

(1) 煤泥过滤装置要连接密实,不得漏气。

(2) 煤浆最好提前 1~2 h 配好,放置待用。

(3) 上下翻转量筒润湿煤样,每次翻转时气泡上升完毕方可进行下一次翻转。

(4) 实验时,要分工明确,滤液体积 V_i 和时间间隔 t_i 要同时记录。

(5) 如实验中煤浆为配制样,其试样质量浓度可由加入水的质量及干煤样质量计算获得。

六、实验数据记录及整理

(1) 将过滤实验数据记录于表 5-23-1 第 1~2 栏中。滤饼厚度测量数据记录于表 5-23-2 中。

表 5-23-1　过滤实验记录表

实验来源:_____　　　　　　　　试样名称:_____
采样(制样)时间:_____　　　　　采样间隔时间:_____

试样基本情况	试样体积:_____	煤浆浓度: 300 g/L
过滤实验条件	滤板直径:ϕ_____ 水　温:_____℃	真空度:_____ 滤液动力黏度 $\mu=1.135\times 10^{-3}$ Pa·s

滤液体积 V_i/mL	过滤时间 t_i/s	校正后过滤体积 $V'_i \times 10^3$/m	校正后过滤时间 t'_i/s	t'_i/V'_i /(s/m)	$(V'_i)^2\times 10^6$ /m^2
1	2	3	4	5	6
……					

表 5-23-2　滤饼厚度测定　　　　　　　　　　　　　　单位:mm

1	2	3	4	5	6	7	8	平均值

实验人员:_____　　日期:_____　　指导教师:_____

(2) 按照式(5-23-2)和式(5-23-3)计算滤饼密度 ρ_1 和试样质量浓度 c。

(3) 计算滤饼体积与滤液容积的比值 X,即

$$X=\frac{\rho_2 c}{\rho_1(100-M_t-c)} \tag{5-23-4}$$

式中　ρ_1,ρ_2——滤饼和滤液的密度,kg/m^3($\rho_2=1\,012$ kg/m^3);

　　　c——煤浆试样质量浓度,%;

　　　M_t——滤饼全水分,%。

(4) 绘制曲线 t'_i/V'_i-V'_i,确定曲线斜率 M(或最小二乘法求得)

① 对过滤体积(V_i)和时间间隔(t_i)进行校正,校正公式如下:

$$V'_i=\frac{V_i-V_1}{A} \tag{5-23-5}$$

$$t'_i=t_i-t_1 \tag{5-23-6}$$

式中　V'_i——校正后的单位面积上的过滤体积,m;

　　　V_i——某一时间间隔过滤液体积,mL;

　　　V_1——第一次测得过滤液体积,mL;

　　　A——滤板面积,m^2;

　　　t'_i——校正后的时间间隔,s;

t_i——某一测定时间间隔,s;

t_1——第一次测定时的时间间隔,s;

i——测点数($i=1,2,3,\cdots,n$)。

根据式(5-23-5)和式(5-23-6)对表 5-23-1 中 1、2 栏数据进行校正,得出 3、4 栏数据,用 4 栏数据除以 3 栏数据得 5 栏数据,即时间间隔对过滤体积的比值 t'_i/V'_i。

② 用 5 栏数据作纵坐标,3 栏数据作横坐标,画出 t'_i/V'_i-V'_i 图。

③ t'_i/V'_i-V'_i 图为一直线,其斜率为 M。M 也可用最小二乘法求出,其计算式如下:

$$M = \frac{\sum_{i=1}^{n} V'_i \sum_{i=1}^{n} (t'_i/V'_i) - n\sum_{i=1}^{n} t'_i}{(\sum_{i=1}^{n} V'_i)^2 - n\sum_{i=1}^{n} (V'_i)^2} \tag{5-23-7}$$

(5) 利用式(5-23-1)计算滤饼的体积比阻 γ。

(6) 平行实验测得的 γ 值不得超过 8%。

七、实验报告

(1) 试述实验目的和过程。

(2) 画出实验装置图,并说明各部组件的作用。

(3) 按照表 5-23-1 和表 5-23-2 记录数据,并进行相应计算。

(4) 画出 t'_i/V'_i-V'_i 图并求出斜率 M(或用最小二乘法算出 M)。

(5) 计算滤饼的体积比阻 γ。

(6) 完成思考题及实验小结。

八、思考题

(1) 负压过滤与正压过滤有什么区别?

(2) 结合过滤理论分析影响过滤效果的因素。

(3) 为什么要校正滤液体积和时间间隔才能作图计算斜率?

实验二十四　转筒法煤炭泥化实验

一、实验目的

(1) 了解转筒法煤炭泥化实验装置的基本原理,掌握泥化实验的基本操作过程;

(2) 掌握煤炭泥化的测定方法和判断依据;

(3) 了解煤炭泥化产生的原因与过程。

二、实验原理

煤炭泥化是指煤或矸石浸水后碎散成细泥的现象。煤和矸石的泥化实验可分别采用转筒法和安氏法测定。这两种方法可用于烟煤、无烟煤和矸石的泥化指标测定。

转筒法泥化实验实际上是模拟选煤过程煤炭在运输、转载、与水浸湿、与煤或其他器壁的摩擦、碰撞等过程中从大块变成小块的过程,并测定其产生－0.5 mm的含量,为选煤厂设计中的煤泥处理系统设备选型和设计提供依据。

基本原理是用 4 份粒度为 100～13 mm 的原煤(25±0.5)kg,按煤水比1∶4 在高度为 1 m 的滚筒内,以 20 r/min 的速度旋转 5 min、15 min、25 min 和 30 min,对产品进行 13.2 mm、0.5 mm 和 0.045 mm 筛分,称量和计算产率并测定－0.045 mm 细泥的灰分,观察煤泥水沉降情况。

三、仪器设备及材料

(1) 转筒泥化实验装置 1 套:容量 200 L、高 1 m、翻转速度为 20 r/min,如图 5-24-1 所示。

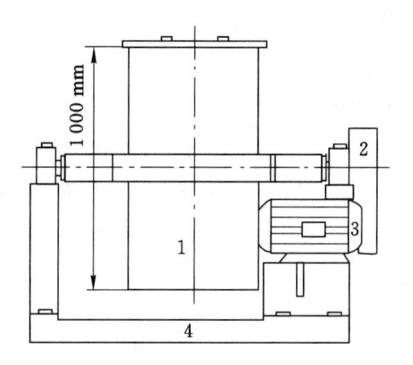

1—转筒;2—变速装置;3—电机;4—底座。
图 5-24-1 转筒法泥化实验装置示意图

(2) 实验筛:孔径为 100 mm、13.2 mm、0.5 mm 和 0.045 mm 各 1 个,湿式振筛仪 1 个。

(3) 电子天平 1 台。

(4) 变频调速器 1 台:0～50 Hz,功率 7.5 kW。

(5) 磅秤,水桶 5 个,搪瓷盆 1 个。

(6) 烘箱(25～200 ℃)。

(7) 量筒(1 000 mL)。

(8) 粒度大于 13 mm 原煤:质量大于 200 kg。

第五章　固液分离实验

四、实验步骤与操作

（1）将原煤分别用 100 mm、13.2 mm 的筛子筛出 100～13.2 mm 的煤样 100 kg 左右，并缩分至 4 份，每份质量为 (25±0.5) kg，将缩制过程中产生的粉末按比例均摊到各份试样中。

（2）检查和调试系统，看转筒的密封是否完好。

（3）在转筒中放入一份试样，同时加入 100 kg 水，将转筒盖盖紧，然后启动转筒，将速度调至 20 r/min，开始计时。

（4）翻转到 5 min 后，停止翻转转筒，将桶内的试样倒出过筛，分成 >13.2 mm、13.2～0.5 mm、0.5 mm～0.045 mm 和 <0.045 mm 四个产品；筛分时加喷水以保证筛分完全。

（5）将各粒级产品烘干，晾至空气干燥状态，称重（准确到 0.05 kg）。

（6）从 −0.045 mm 细煤泥中采样，测定其灰分。

（7）然后分别将第二、三、四份样品加入转筒重复上述实验过程，滚筒翻转时间分别为 15 min、25 min 和 30 min。

（8）结束实验，整理仪器，清理实验现场。

五、实验中注意事项

（1）泥化实验样品分配时，要注意将缩分过程中产生的粉末物料均摊到各份试样中。

（2）将筛分煤泥水分别收集，脱水烘干后归入对应粒级。

六、实验数据记录及整理

（1）将实验结果和观察到的现象填入表 5-24-1 中。

表 5-24-1　转筒泥化实验结果汇总表

试样名称：_____　试样粒度：_____ mm　实验日期：　年　月　日

试样质量(kg)：(1) _____ ；(2) _____ ；(3) _____ ；(4) _____

序号	翻转时间 /min	产率/%					<0.045 mm 煤泥灰分/%
		>13.2 mm	13.2～0.5 mm	0.5～0.045 mm	<0.045 mm	小计	
1	5						
2	15						
3	25						
4	35						
观察结果							
顶底板、夹石特征							

实验人员：_____　日期：_____　指导教师：_____

(2) 数据整理及精度检验

① 各产品的质量之和与入料质量之差不得超过3%；

② 以各产品质量之和为100%，分别计算其产率。

(3) 绘制煤泥产率与滚筒翻转时间之间的关系曲线。

七、实验报告

(1) 试述实验目的和过程。

(2) 画出实验装置图，并说明各部组件的作用。

(3) 按照表5-24-1记录数据，并进行相应计算。

(4) 绘制煤泥产率与滚筒翻转时间之间的关系曲线。

(5) 完成思考题及实验小结。

八、思考题

(1) 煤的泥化程度与煤的硬度是否为同一个概念？

(2) 如何从煤炭大筛分表中初步判断出矸石泥化和煤炭泥化的严重程度？

(3) 泥化与煤炭易碎的概念是否相同？

第六章　煤化学实验

实验二十五　煤中全水分的测定实验

一、实验目的

(1) 学习煤中全水分的测定原理及方法；
(2) 熟练掌握空气流一步法测量煤中全水分的操作过程；
(3) 根据测试结果计算煤中全水分。

二、实验原理

根据《煤中全水分的测定方法》(GB/T 211—2017)中要求，测量煤中全水分有 A 法、B 法和 C 法。

A 法称为两步法，根据在氮气流中干燥和在空气流中干燥，分别标识为 A1 法和 A2 法；B 法称为一步法，根据在氮气流中干燥和在空气流中干燥，分别标识为 B1 法和 B2 法；C 法称为微波干燥法。采用 A1 法作为仲裁方法。每种方法适用的煤样如表 6-25-1 所示。

表 6-25-1　煤中全水分测定方法适用范围

方　　法	A1	A2	B1	B2	C
适用煤样	全煤种	烟煤和无烟煤	全煤种	烟煤和无烟煤	烟煤和褐煤
处理粒度	－13 mm	－13 mm	－13 mm/－6 mm	－13 mm/－6 mm	－6 mm

注：A2 法和 B2 法适用于烟煤（易氧化的除外）。

1. A1 法：在氮气流中干燥两步法

第一步，称取一定量的粒度小于 13 mm 的全水分煤样，在温度不高于 40 ℃ 的环境下干燥到质量恒定，此时测得的水分为外在水分；第二步，立即将该煤样破碎到粒度小于 3 mm，于 105～110 ℃ 下，在氮气流中干燥至质量恒定，此时测得的水分为内在水分。根据煤样两步干燥后的质量损失计算煤样全水分。

2. A2 法：在空气流中干燥两步法

第一步，称取一定量的粒度小于 13 mm 的全水分煤样，在温度不高于 40 ℃ 的环境下干燥到质量恒定，此时测得的水分为外在水分；第二步，立即将该煤样破碎到粒度小于 3 mm,于 105~110 ℃下,在空气流中干燥至质量恒定,此时测得的水分为内在水分。根据煤样两步干燥后的质量损失计算煤样全水分。

3. B1 法:在氮气流中干燥一步法

称取一定量的粒度小于 6 mm(或小于 13 mm)的煤样,于 105~110 ℃下,在氮气流中干燥到质量恒定。根据煤样干燥后的质量损失计算煤样全水分。

4. B2 法:在空气流中干燥一步法

称取一定量的粒度小于 13 mm(或小于 6 mm)的煤样,于 105~110 ℃下,在空气流中干燥到质量恒定。根据煤样干燥后的质量损失计算煤样全水分。

5. C 法:微波干燥法

称取一定量的粒度小于 6 mm 的煤样,置于微波炉中,煤中水分子在微波发生器的交变电场作用下,高速振动产生摩擦热,使水分迅速蒸发。根据煤样干燥后的质量损失计算煤样全水分。

本实验采用 B2 法测量煤中全水分。

三、仪器设备及材料

(1) 空气干燥箱:带有自动控温和鼓风装置,能控制温度在 30~40 ℃和 105~110 ℃范围内,空气通畅,有足够的换气量,每小时可换气 5 次以上。

(2) 浅盘:镀锌铁耐热耐腐蚀浅盘,能盛装 500 g 煤样,且实验中保持单位面积负荷不超过 1 g/cm²。

(3) 玻璃称量瓶:直径 70 mm,高 35~40 mm,并带有严密的磨口盖。

(4) 分析天平:感量 0.001 g。

(5) 工业天平:感量 0.1 g。

(6) 干燥器:内装变色硅胶颗粒。

(7) 取样器具:适用于 13 mm 或 6 mm 试样,开口尺寸至少为相应粒度的 3 倍。

四、实验步骤与操作

1. 煤样的制备

(1) 煤样的缩分

① 收到煤样后应对来样标签进行核对,并将煤种、粒度、采样地点、包装情况、煤样质量、收样和制样时间等进行详细登记和编号。

② 煤样根据图 6-25-1 缩制程序及时制成一般分析实验煤样,或先制成适当粒级的煤样。如果水分大,影响进一步破碎、缩分时,必须先进行干燥。

③ 煤样应破碎至全部通过相应筛子,再进行缩分。大于 25 mm 的煤样未经破碎不允许缩分(破碎缩分机除外)。

④ 煤样的制备可以一次完成,也可以分几部分处理。如分几部分,则每一

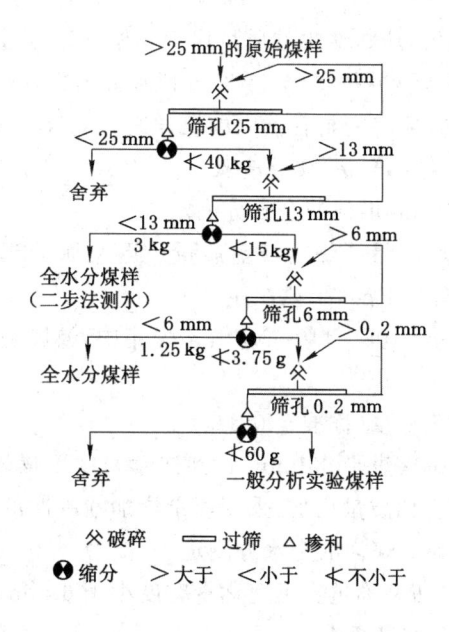

```
            >25 mm的原始煤样
         ╱            >25 mm
        ╱           ⋎
        筛孔25 mm
<25 mm ▲       ≮40 kg    >13 mm
         ⦿            ⋎
舍弃           筛孔13 mm
     <13 mm ▲     ≮15 kg     >6 mm
        3 kg ⦿           ⋎
     全水分煤样       筛孔6 mm
     (二步法测水)
              <6 mm ▲   ≮3.75 g   0.2 mm
              1.25 kg ⦿         ⋎
              全水分煤样       筛孔0.2 mm
                      ▲
                    ≮60 g
               舍弃  ⦿  一般分析实验煤样

  ⋎ 破碎    ━ 过筛   △ 掺和
  ⦿ 缩分   > 大于  < 小于  ≮ 不小于
```

图 6-25-1　煤样缩制程序

部分都应按同一比例缩分出煤样,再将缩分后的煤样混合为一个煤样。

⑤ 每次破碎、缩分前后,机器和用具均应清扫干净。

⑥ 煤样的缩分,除了水分大,无法使用机械破碎机外,应尽可能使用二分器和缩分机械,以减少缩分误差。缩分后留样质量与粒度有关。

(2) 煤样量的要求

粒度小于 13 mm 的全水分煤样,煤样量不小于 3 kg;粒度小于 6 mm 的全水分煤样,煤样量不少于 1.25 kg。

(3) 煤样的制备

① 粒度小于 13 mm 的全水分煤样按照《煤样的制备方法》(GB/T 474—2008)的规定制备。

② 粒度小于 6 mm 的全水分煤样,用破碎过程中水分无明显损失的破碎机将全水分煤样一次破碎到粒度小于 6 mm,用二分器迅速缩分出不少于 1.25 kg 煤样,装入密封容器中。

注意:"水分无明显损失"指破碎后的煤样全水分测定结果与破碎前的测定结果比较,经 t 检验无显著性差异,或虽有差异,但置信范围很小。

③ 在测定全水分前,首先检查煤样容器的密封情况。然后,将容器表面擦拭干净,用工业天平称准到总质量的 0.1%,并与容器标签所标注的总质量进行核对。如果称出的总质量小于标签所标注的总质量(不超过 1%),并且确定煤

样运输过程中没有损失,应将减少的质量作为煤样在运输过程中的水分损失量,计算水分损失百分率 M_1,并按式(6-25-2)进行水分损失补正。

④ 称取煤样之前,应将密封容器中的煤样充分混合至少 1 min。

2. B2 法(空气干燥一步法)实验步骤

(1) 粒度小于 13 mm 煤样的全水分测定

① 预先干燥浅盘,称量干燥后浅盘质量。迅速称量粒度小于 13 mm 的煤样(500±10)g(称准至 0.1 g),平摊在浅盘中。

② 浅盘放入预热至 105~110 ℃ 空气干燥箱中,鼓风条件下,烟煤干燥 2 h,无烟煤干燥 3 h。

③ 取出浅盘,趁热称量(称准至 0.1 g)。

④ 检查性干燥:每次烘干 30 min,直到连续两次干燥煤样的质量减少不超过 0.5 g 或质量增加。如质量增加,采用质量增加前一次的质量作为计算依据。

(2) 粒度小于 6 mm 煤样的全水分测定

① 预先干燥称量瓶并称重。迅速称量粒度小于 6 mm 的煤样 10~12 g(称准至 0.001 g),平摊在称量瓶中。

② 打开称量瓶盖,放入预热至 105~110 ℃ 空气干燥箱中,鼓风条件下,烟煤干燥 2 h,无烟煤干燥 3 h。

③ 从干燥箱中取出称量瓶,立即盖上盖子,在空气中放置约 5 min,然后放入干燥器中,冷却至室温(约 20 min),称量(称准至 0.001 g)。

④ 检查性干燥:每次烘干 30 min,直到连续两次干燥煤样的质量减少不超过 0.01 g 或质量增加。如质量增加,采用质量增加前一次的质量作为计算依据。

(3) 结果计算

按照式(6-25-1)计算煤中全水分:

$$M_t = \frac{m_1}{m} \times 100\% \tag{6-25-1}$$

式中 M_t——煤样的全水分,用质量分数表示,%;

m——称取的煤样质量,g;

m_1——煤样干燥后的质量损失,g。

(4) 水分损失补正

如果在运输过程中煤样的水分有损失,则按照式(6-25-2)求出补正后的全水分值:

$$M'_t = M_1 + \frac{100 - M_1}{100} \times M_t \tag{6-25-2}$$

式中　M'_t——补正后的煤样全水分,用质量分数表示,%;

　　　M_1——煤样在运输过程中的水分损失百分率,%;

　　　M_t——不考虑煤样在运输过程中的水分损失时测得的水分,用质量分数表示,%。

当 M_1 大于 1% 时,表明煤样在运输过程中可能受到意外损失,则不可补正,但测得 M_t 分可作为实验室收到煤样的全水分。在报告结果时,要注明"未经水分损失补正",并将容器标签和密封情况一并报告。

(5) 全水分测量的重复性误差

煤中全水分测定结果的精密度如表 6-25-2 所示。

表 6-25-2　煤中全水分测定结果的精密度

全水分(M_t)/%	重复性限/%
<10	0.4
≥10	0.5

五、实验数据记录及整理

实验数据填入表 6-25-3 中。

表 6-25-3　煤中全水分的测定

煤样种类:＿＿＿＿＿＿＿　　　粒度:＿＿＿＿＿＿＿mm

重复测定			第一次	第二次
浅盘(称量瓶)编号				
浅盘(称量瓶)质量/g				
煤样＋浅盘(称量瓶)质量/g				
煤样质量/g				
干燥后煤样＋浅盘(称量瓶)质量/g				
煤样减轻的质量/g				
检查性干燥	干燥后煤样＋(称量瓶)质量/g	第一次		
		第二次		
		第三次		
M_t 平均值/%				
测量结果精密度				
实验中异常现象				

实验人员:＿＿＿＿＿＿　日期:＿＿＿＿＿＿　指导教师:＿＿＿＿＿＿

六、实验报告

(1) 叙述 B2 法(空气干燥一步法)实验目的和过程。
(2) 实验结果记入表 6-25-3 中,并进行相应计算。
(3) 判断测量结果精密度,并分析实验过程中的异常现象。
(4) 完成思考题及实验小结。

七、思考题

(1) A 法通入氮气的主要作用是什么?
(2) 测定煤中水分为什么要进行检查性干燥?

实验二十六　微波干燥测定煤中全水分的实验

一、实验目的

(1) 掌握微波水分测定仪测量煤中全水分的方法;
(2) 观察微波水分测定仪的构造和工作原理。

二、实验原理

微波干燥测定煤中全水分的原理是称取一定量的空气干燥煤样,置于微波水分测定仪内,炉内磁控管发射非电离微波,水分子超高速振动,产生摩擦热,煤中水分迅速蒸发,根据煤样的质量损失计算水分。

微波是指频率为 300～300 GHz 的电磁波,是无线电波中一个有限频带的简称,即波长在 1 mm 到 1 m 之间的电磁波。微波频率比一般的无线电波频率高,通常也称为"超高频电磁波"。微波作为一种电磁波也具有波粒二象性。微波的基本性质通常呈现为穿透、反射、吸收三个特性。金属材料不吸收微波,只反射微波,如铜、铁、铝等;绝缘体可以透过微波,但几乎不吸收微波,如玻璃、陶瓷、塑料等;极性分子的物质会吸收微波而使自身发热,如水、酸等。

微波加热原理是物质吸收微波,产生振动从而散发热量。物质吸收微波的能力,主要由其介质损耗因数来决定。介质损耗因数大的物质对微波的吸收能力强,相反,介质损耗因数小的物质对微波的吸收能力弱。由于各物质的损耗因数存在差异,微波加热就表现出选择性加热的特点。物质不同,产生的热效果也不同。水分子属极性分子,介电常数较大,其介质损耗因数也很大,对微波具有强吸收能力。

三、仪器设备及材料

(1) 微波水分测定仪(图 6-26-1):微波辐射时间可控,有足够微波辐射均匀区。
(2) 玻璃称量瓶:直径 70 mm,高 35～40 mm,带有严密的磨口盖(图 6-26-2)。

图 6-26-1　微波水分测定仪

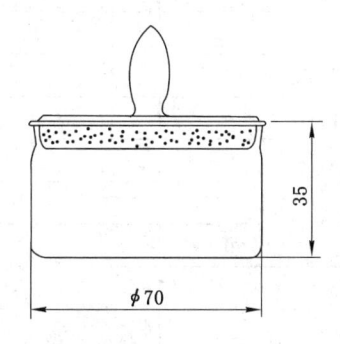

图 6-26-2　玻璃称量瓶

(3) 干燥器:内装变色硅胶颗粒。
(4) 分析天平:感量 0.001 g。
(5) 粒度<6 mm 的烟煤或褐煤。

四、实验步骤与操作

(1) 按微波水分测定仪说明书进行仪器准备。

(2) 在预先干燥和已称量过的称量瓶内迅速称取粒度<6 mm 的煤样 10～12 g(称准至 0.001 g),并摊平。

(3) 打开称量瓶盖,将称量瓶放入仪器旋转盘规定区。

(4) 关上仪器门,接通电源,仪器按预先设定程序工作,直至工作程序结束。

(5) 打开仪器门,取出称量瓶,立即盖上盖子,在空气中放置约 5 min,然后放入干燥器中,冷却至室温(约 20 min),称量(称准至 0.001 g)。

如仪器有自动称量装置,则不必取出称量瓶。

(6) 结果计算及重复性检验。

按照式(6-25-1)计算煤中全水分或从仪器显示器上直接读出全水分。同一煤样重复性误差如表 6-25-2 所示。

五、实验数据记录及整理

实验数据记录于表 6-26-1 中。

表 6-26-1　微波法测定煤中全水分实验

煤样种类（名称）			
重复测定		第一次	第二次
称量瓶编号			
称量瓶质量/g			
煤样＋称量瓶质量/g			
煤样质量/g			
干燥后煤样＋称量瓶质量/g			
煤样减轻的质量/g			
检查性干燥	干燥后煤样＋称量瓶质量/g	第一次	
		第二次	
		第三次	
M_t 平均值/%			
测量结果精密度			
实验中异常现象			

实验人员：_____　日期：_____　指导教师：_____

六、实验报告

(1) 叙述微波干燥测试煤中全水分的实验目的和过程。
(2) 实验结果记入表 6-26-1 中，并进行相应计算。
(3) 判断测量结果精密度，并分析实验过程中的异常现象。
(4) 完成思考题及实验小结。

七、思考题

(1) 微波水分测定仪的工作原理是什么？
(2) 测定煤中全水分的方法还有哪些？与微波测定方法有什么区别？

实验二十七　煤的工业分析

煤的工业分析也称煤的技术分析或应用分析，它包括煤的水分、灰分、挥发分的测定和固定碳的计算。工业分析的结果是煤炭加工利用和煤炭科学研究的基础技术参数,具有重要的意义。本实验方法根据《煤的工业分析方法》(GB/T 212—2008)制定,该方法适用于褐煤、烟煤、无烟煤和水煤浆。

一、水分的测定

1. 实验目的

学习和掌握测定一般分析实验煤样水分的各种方法及原理,了解一般分析实验煤样水分的主要作用。一般分析煤样的制备如图 6-25-1 所示。

2. 测定方法

GB/T 212—2008 规定煤中水分的测定方法有三种,即 A 法、B 法和 C 法。其中 A 法(通氮干燥法)适用于所有煤种,B 法(空气干燥法)适用于烟煤和无烟煤,C 法(微波干燥法)适用于褐煤和烟煤水分快速测定。本实验介绍 B 法测定一般分析实验煤样的水分,其他方法参考 GB/T 212—2008。

B 法(空气干燥法)操作要点:称取一定量的一般分析实验煤样,放入预先干燥并称重的称量瓶中,放入 105～110 ℃的干燥箱中,在空气流中干燥到质量恒定,以煤样减轻的质量计算水分的百分含量。

3. 仪器设备及材料

(1) 干燥箱:带自动恒温装置,内有鼓风机,能保持温度在 105～110 ℃。

(2) 干燥器:内装变色硅胶干燥剂。

(3) 玻璃称量瓶:直径 40 mm,高度 25 mm,并带有严密的磨口盖,如图 6-27-1 所示。

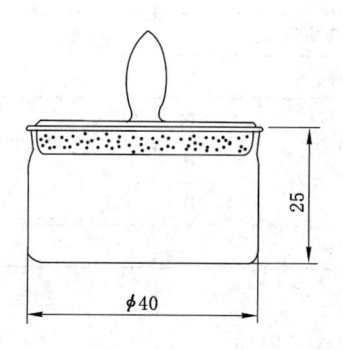

图 6-27-1 玻璃称量瓶

(4) 分析天平:感量 0.1 mg。

(5) 一般分析实验煤样:粒度小于 0.2 mm 的烟煤(或无烟煤)100 g。

4. 实验步骤与操作

(1) 用预先干燥并称重(称准至 0.000 2 g)的玻璃称量瓶,称取粒度小于

0.2 mm 的一般分析实验煤样(1±0.1)g(称准至 0.000 2 g),轻摇称量瓶使煤样摊平。

(2) 打开称量瓶盖,将称量瓶放入预先鼓风并加热到 105～110 ℃ 的干燥箱。在不断鼓风的条件下,烟煤干燥 1 h,无烟煤干燥 1.5 h。

注:预先鼓风是为了使干燥箱内温度均匀,可将装有煤样的称量瓶放入干燥箱前 3～5 min 开始鼓风。

(3) 取出称量瓶并立即加盖,放入干燥器冷却至室温(约 20 min),称重。

(4) 检查性干燥,每次返回干燥箱内继续干燥 30 min,直到连续两次质量减少小于 0.001 0 g 或质量有所增加,如质量增加,用前一次的质量进行计算。水分低于 2.00% 时不进行检查性干燥。

5. 实验数据记录及整理

(1) 实验数据记录在表 6-27-1 中。

表 6-27-1　空气干燥煤样水分的测定实验

煤样种类		第一次	第二次
重复测定			
称量瓶编号			
称量瓶质量/g			
煤样+称量瓶质量/g			
煤样质量/g			
干燥后煤样+称量瓶质量/g			
煤样减轻的质量/g			
检查性干燥	干燥后煤样+称量瓶质量/g 第一次		
	第二次		
	第三次		
M_{ad} 平均值/%			

实验人员:＿＿＿＿＿＿　　日期:＿＿＿＿＿＿　　指导教师:＿＿＿＿＿＿

(2) 结果计算

$$M_{ad}=\frac{m_1}{m}\times 100\% \qquad (6\text{-}27\text{-}1)$$

式中　M_{ad}——一般分析实验煤样的水分(保留小数点后两位),%;

m——一般分析实验煤样的质量,g;

m_1——煤样干燥后减少的质量,g。

6. 注意事项

称取试样前,应将试样充分混合。

7. 精密度检验

两次重复测定结果之差不得超过表 6-27-2 中规定。

表 6-27-2 精密度

$M_{ad}/\%$	重复性限/%
≤5	0.20
5～10	0.30
>10	0.40

二、灰分的测定

1. 实验目的

学习和掌握灰分的测定方法和原理,了解灰分与煤中矿物质的关系。

2. 测定方法

煤灰分测定方法包括缓慢灰化法和快速灰化法,其中,缓慢灰化法作为仲裁方法。本书主要介绍缓慢灰化法,其他方法用于测定一般分析实验煤样煤灰分,参考 GB/T 212—2008。

称取一定量一般分析实验煤样,放入灰皿中,在规定条件下加热到 815 ℃,并在此温度下灼烧到质量恒定。以残渣质量占原来煤样质量的百分数作为空气干燥基灰分。

3. 仪器设备及材料

(1) 马弗炉(或灰分挥发分测定仪):炉膛具有足够的恒温区,能保持温度为(815±10)℃。炉后壁的上部带有直径为(26～30)mm 的烟囱,下部离炉膛底(20～30)mm 处有一个插热电偶的小孔。炉门上有一个直径为 20 mm 的通气孔。

(2) 灰皿:瓷质,长方形,底长 45 mm,底宽 22 mm,高 14 mm(图 6-27-2)。

(3) 干燥器:内装变色硅胶(或无水氯化钙)干燥剂。

(4) 分析天平:感量 0.1 mg。

(5) 耐热瓷板或石棉板,灰皿架。

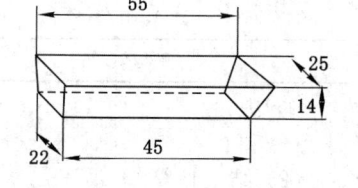

图 6-27-2 长方形灰皿

4. 实验步骤与操作

(1) 在已灼烧至质量恒定的灰皿中称取粒度小于 0.2 mm 的一般分析实验

煤样(1±0.01)g(称准至 0.000 2 g),灰皿底部放在手背上,轻摇灰皿使煤样平摊。将称好的灰皿及煤样摆放在灰皿架上。

(2) 将灰皿架送入炉温不超过 100 ℃的马弗炉恒温区中,关上炉门并使炉门留有 15 mm 左右的缝隙。在不少于 30 min 的时间内将炉温缓慢升至 500 ℃,并在此温度下保持 30 min。继续升温到(815±10)℃,并在此温度下灼烧 1 h。

(3) 从炉中取出装有待测煤样的灰皿架,放在耐热瓷板或石棉板上,在空气中冷却 5 min 左右,将灰皿移入干燥器中冷却至室温(约 20 min)后逐个称量灼烧后灰皿及残渣。

(4) 进行检查性灼烧,温度保持在(815±10)℃,每次灼烧 20 min,直到连续两次灼烧后的质量变化不超过 0.001 0 g。以最后一次灼烧后的质量为计算依据。灰分小于 15.00% 时,不必进行检查性灼烧。

5. 实验数据记录及整理

(1) 实验数据记录在表 6-27-3 中。

表 6-27-3 煤中灰分测定

煤样名称			
重复测定		第一次	第二次
灰皿编号			
灰皿质量/g			
煤样+灰皿质量/g			
煤样质量/g			
灼烧后残渣+灰皿质量/g			
残渣质量/g			
检查性灼烧残渣+灰皿质量/g	第一次		
	第二次		
	第三次		
A_{ad} 值/%			
平均值/%			

实验人员:_____ 日期:_____ 指导教师:_____

(2) 结果计算

$$A_{ad} = \frac{m_1}{m} \times 100\% \qquad (6\text{-}27\text{-}2)$$

式中 A_{ad}——空气干燥基灰分,%;

m——空气干燥煤样的质量,g;

m_1——灼烧残渣的质量,g。

6. 精密度检验

两次重复测定结果之差不得超过表 6-27-4 规定

表 6-27-4　精密度

灰分/%	同一化验室重复性限 A_{ad}/%	不同化验室再现性临界差 A_d/%
≤15.00	0.20	0.30
15.00～30.00	0.30	0.50
>30.00	0.50	0.70

7. 思考题

(1) 缓慢灰化法为什么要进行分段升温？

(2) 为什么马弗炉必须带有烟囱？

(3) 影响灰分测量的因素有哪些？

三、挥发分的测定

1. 实验目的

掌握煤的挥发分测定方法及固定碳计算方法,学会运用挥发分和焦渣特征判断煤化程度,初步确定煤的加工利用途径。

2. 测定方法

将一定量一般分析实验煤样放入坩埚中,在(900±10)℃的温度下隔绝空气加热一定时间,煤样减少的质量占煤样原来质量的百分数,减去该煤样的水分(M_{ad})就是该煤样的挥发分。

3. 仪器设备及材料

(1) 挥发分坩埚:带有配合严密盖的瓷坩埚,形状和尺寸如图 6-27-3 所示。坩埚总质量为 15～20 g。

(2) 马弗炉:带有高温计和调温装置,能保持温度在(900±10)℃,并有足够的(900±5)℃的恒温区。炉后壁有一个排气孔和一个插热电偶的小孔。

(3) 坩埚架:耐热金属丝制成,规格尺寸保证能使坩埚都放入马弗炉恒温区内,并要求放在架上的坩埚底部距炉底 20～30 mm,且使坩埚底部紧邻热电偶热接点上方。

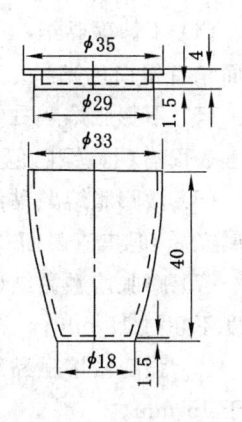

图 6-27-3　挥发分坩埚

(4) 分析天平:感量 0.1 mg。

(5) 秒表。

(6) 压饼机:能压制直径 10 mm 的煤饼。

(7) 一般分析实验煤样:粒度小于 0.2 mm,100 g。

4. 实验步骤与操作

(1) 预先在 900 ℃灼烧至质量恒定且已知质量的挥发分坩埚内称取粒度小于 0.2 mm 的一般性实验煤样(1±0.01)g(称准至 0.000 2 g),轻振坩埚使煤样摊平,加盖后置于坩埚架上。褐煤和长焰煤要预先压饼,并切成宽度 3 mm 左右的条。

(2) 将马弗炉预先加热到 920 ℃。打开炉门,迅速将放有坩埚的架子推入马弗炉恒温区,立即开启秒表并关闭炉门,准确加热 7 min。坩埚和坩埚架放入后,要求炉温必须在 3 min 内恢复至(900±10)℃,并保持此温度至实验结束,否则实验作废。7 min 加热时间包括温度恢复时间在内。

注意:马弗炉预先加热温度可视马弗炉具体情况调节,以保证在放入坩埚及坩埚架后,炉温在 3 min 内恢复至(900±10)℃为准。

(3) 7 min 加热结束,迅速由炉中取出坩埚,在空气中冷却 5 min,移入干燥器中冷却至室温(约 20 min),称量。

5. 焦渣特征的鉴定

测定挥发分所得焦渣的特征,按下列规定加以区分。

(1) 粉状(1 型):全部是粉末,没有相互黏着的颗粒。

(2) 黏着(2 型):用手指轻碰即成粉末或基本上是粉末,其中较大的团块轻轻一碰即成粉末。

(3) 弱黏结(3 型):用手指轻压即成小块。

(4) 不熔融黏结(4 型):以手指用力压才裂成小块,焦渣上表面无光泽,下表面稍有银白色光泽。

(5) 不膨胀熔融黏结(5 型):焦渣形成扁平的块,煤粒的界限不易分清,焦渣上表面有明显银白色金属光泽,下表面银白色光泽更明显。

(6) 微膨胀熔融黏结(6 型):用手指压不碎,焦渣的上、下表面均有银白色金属光泽,但焦渣表面具有较小的膨胀泡(或小气泡);

(7) 膨胀熔融黏结(7 型):焦渣上、下表面有银白色金属光泽,明显膨胀,但高度不超过 15 mm;

(8) 强膨胀熔融黏结(8 型):焦渣上、下表面有银白色金属光泽,焦渣高度大于 15 mm。

为了简便起见,通常用上列序号作为各种焦渣特征的代号。

6. 实验数据记录及结果计算

(1) 实验数据记录表

实验数据记录于表 6-27-5 中。

表 6-27-5 煤的挥发分测定

煤样名称		
重复测定	第一次	第二次
坩埚编号		
坩埚质量/g		
煤样＋坩埚质量/g		
煤样质量/g		
焦渣＋坩埚质量/g		
煤样加热后减轻的质量/g		
煤样水分 M_{ad}/%		
V_{ad}/%		
平均值/%		

实验人员：_____ 日期：_____ 指导教师：_____

(2) 结果计算

$$V_{ad} = \frac{m_1}{m} \times 100 - M_{ad} \tag{6-27-3}$$

式中 V_{ad}——空气干燥基挥发分，%；

m——煤样的质量，g；

m_1——煤样加热后减轻的质量，g；

M_{ad}——煤样水分，%。

如果煤样的碳酸盐二氧化碳含量大于 2%，干燥无灰基挥发分须做校正。

当 $(CO_2)_{ad} = 2\% \sim 12\%$ 时，

$$V_{daf} = \frac{V_{ad} - (CO_2)_{ad}}{100 - M_{ad} - A_{ad}} \times 100 \tag{6-27-4}$$

当 $(CO_2)_{ad} > 12\%$ 时，

$$V_{daf} = \frac{V_{ad} - [(CO_2)_{ad} - (CO_2)_{焦}]}{100 - M_{ad} - A_{ad}} \times 100 \tag{6-27-5}$$

式中 $(CO_2)_{ad}$——空气干燥基碳酸盐二氧化碳含量，%；

$(CO_2)_{焦}$——焦渣中二氧化碳对煤样的百分含量，%；

V_{daf}——干燥无灰基挥发分，%。

7. 精密度检验

两次重复测定结果之差不得超过表 6-27-6 中规定。

表 6-27-6　精密度

挥发分/%	同一化验室重复性限 V_{ad}/%	不同化验室再现性临界差 V_d/%
≤20.00	0.30	0.50
20.00～40.00	0.50	1.00
>40.00	0.80	1.50

8. 注意事项

(1) 测定褐煤和长焰煤的挥发分时,应预先将煤样压成饼,并切成约 3 mm 的小块使用。

(2) 挥发分的测定是一项规范性很强的实验,其测定结果受测定条件的影响很大,故必须按要求严格掌握,特别是炉温必须在 3 min 内恢复到(900±10)℃,可适当调整预热温度以满足这一要求。

9. 思考题

煤的挥发分为什么不能称为挥发分含量?

四、煤固定碳的计算

1. 煤固定碳的计算

煤的固定碳是根据测定的灰分、水分、挥发分,用差减法求得的。

$$FC_{ad}=100-(M_{ad}+A_{ad}+V_{ad}) \tag{6-27-6}$$

式中　FC_{ad}——空气干燥基固定碳,%;

　　　M_{ad}——空气干燥基水分,%。

　　　A_{ad}——空气干燥基灰分,%;

　　　V_{ad}——空气干燥基挥发分,%。

2. 思考题

固定碳与煤中碳元素含量有何区别?

五、实验报告

(1) 试述工业分析的主要组成实验及各实验的过程。

(2) 各实验数据记入对应数据表中并进行计算。

(3) 简述实验后的收获体会。

(4) 完成思考题及实验小结。

六、说明

空气干燥基挥发分换算成干燥无灰基挥发分及干燥无矿物质基挥发分参照

GB/T 212—2008 执行。

实验二十八　库仑滴定法测量煤中全硫含量的实验

一、实验目的

(1) 掌握库仑滴定法测定煤中全硫含量的基本原理、方法和步骤；
(2) 观察库仑测硫仪的构造和工作原理；
(3) 根据实验结果计算煤样的全硫含量。

二、实验原理

本实验根据 GB/T 214—2007 制定，适用于褐煤、烟煤、无烟煤、焦炭或水煤浆。

煤样在催化剂作用下，于空气流中燃烧分解，煤中各种形态的硫生成硫氧化物，其中二氧化硫被碘化钾溶液吸收，以电解碘化钾溶液所产生的碘进行滴定，根据电解所消耗的电量计算煤中全硫的含量。其反应如下：

$$煤(有机硫) + O_2 \longrightarrow SO_2 + H_2O + CO_2 + Cl_2 + \cdots$$

$$4FeS_2 + 11O_2 \longrightarrow 2Fe_2O_3 + 8SO_2$$

$$2MSO_4 + O_2 \longrightarrow 2MO + 2SO_2 + 2O_2 \text{（M 表示金属元素 Mg、Ca 等）}$$

$$2SO_2 + O_2 \rightleftharpoons 2SO_3$$

二氧化硫和少量三氧化硫随空气流进入电解池，与水化合生产亚硫酸和少量硫酸：

$$SO_2 + H_2O \longrightarrow H_2SO_3$$

$$SO_3 + H_2O \longrightarrow H_2SO_4$$

电解液中的碘立即将亚硫酸氧化为硫酸，碘则变为碘离子(I^-)，从而使碘-碘化钾电对的电位平衡遭到破坏，仪器则自动电解，使碘离子(I^-)生产碘，以恢复原来的平衡，直至亚硫酸全部氧化为硫酸（由双铂电极指示终点）。电极反应表示如下：

阳极　　　　　　　　　　$2I^- - 2e \longrightarrow I_2$
阴极　　　　　　　　　　$2H^+ + 2e \longrightarrow H_2$

碘氧化亚硫酸的反应：

$$I_2 + H_2SO_3 + H_2O \longrightarrow 2I^- + H_2SO_4 + 2H^+$$

根据电解碘离子生成碘所消耗的电量，由法拉第电解定律计算出硫的质量为：

$$w = \frac{电量(库仑) \times 16 \times 1\,000 \times f}{96\,500(库仑)} \tag{6-28-1}$$

式中　w——煤样中硫的质量,mg;

　　　f——校正系数,$f=1.04$。

根据煤样的质量即可计算出煤中全硫的百分含量。

三、仪器设备及材料

(1) 仪器设备

定硫仪由主机和控制部分组成,其中主机包括高温炉、送样机构、电解池、气泵、空气净化系统等部件。

(2) 试剂

① 分析纯的碘化钾、溴化钾、冰乙酸、三氧化钨(粉末)、氢氧化钠。

② 变色硅胶颗粒(工业级)。

③ 燃烧舟:素瓷或刚玉制品,装样部分长约 60 mm,耐温 1 200 ℃以上。

④ 其他:天平,取样勺,一般分析实验煤样(粒度小于 0.2 mm)。

(3) 电解液配制

称取碘化钾、溴化钾各 5.0 g,溶于 250 mL 蒸馏水中,加入 10 mL 冰乙酸混匀即可。

四、实验步骤与操作

1. 试样准备

称取粒度小于 0.2 mm 的煤样 0.050 0 g(称准至 0.000 2 g),均匀放入瓷舟内(摊平),在煤样上覆盖一层薄薄的三氧化钨。

2. 开启仪器

打开控制器电源开关,进入主界面,显示 5 个主菜单:煤样测定、SO_3测定、系统设置、仪器自检和帮助。选择"煤样测定"菜单,此时燃烧炉开始升温,包括废样测定和煤样测定。

打开气泵开关,调节流量计,使抽气速度调至 1 000 mL/min。在供气和抽气条件下,将 250 mL 的电解液吸到电解池内,打开电磁搅拌器开关,调节转速。

待炉温达到设定温度后方可实验。

3. 废样测定

将装有高硫废样的瓷舟放入石英舟内,选择"废样测定"程序,此测定无须输入任何数据,当"废样测定"中有数字出现时,表示电解池电位达到电解平衡,可进行煤样测定。

4. 煤样测定

废样测定结束后,用镊子将装好待测煤样的瓷舟小心放入耐高温瓷舟(或石英舟)内。选择"煤样测定"程序,此时按仪器窗口提示内容,输入样重、样号、水分、操作者编号等参数,输入一个参数完毕,按"确认"键即可输入下一个参数,全部参数输入完毕,按"确认"键进行煤样测定。根据样品中含硫量多少和电解程度,样品经过 4~10 min 后测定结束,样品由退样机构退出炉膛,同时系统报警四声并显示结果。

定硫仪显示出硫的毫克数,可利用仪器自带打印机打印结果。按"确认"键后,测量结果自动保存,系统自动进入下一实验参数输入界面。

注意:退出炉膛的瓷舟,用镊子将残渣刮净,以便瓷舟后续正常使用。

5. 关机

实验结束后,按"退出"键,依次关闭搅拌器电源开关、气泵电源开关、主机电源开关;将电解液排出(打开冷凝管止水夹和放液管止水夹即可放液)。

6. 关闭实验室总电源,整理实验室

五、实验中注意事项

(1) 实验结束前,应首先关闭电解池与燃烧管间的旋塞,以防电解液流入燃烧管而使燃烧管炸裂。

(2) 将电极液加入电解池时,必须开启抽气泵,同时关闭燃烧管和电解池间旋塞。

(3) 试样称量前,应尽可能将试样混合均匀。

(4) 电解液可以重复使用,重复使用的次数视电解液 pH 值而定,pH<1 时需要更换。

(5) 试样最好连续分析,如中间间隔时间较长,在测定前应加烧一个废样(即烧废样 50 mg 左右,不用称量),使电解液电极电位调整到仪器所需数值,然后再进行测定。

六、实验数据记录及整理

(1) 记录每次实验的测量值,按照式(6-28-2)计算煤中全硫含量,即

$$S_{t,ad} = \frac{定硫仪测量的值(mg)}{煤样质量(mg)} \times 100 \quad (6-28-2)$$

(2) 实验精密度

全硫实验精度如表 6-28-1 所示。

表 6-28-1　煤中全硫测定的精密度

$S_{t,ad}/\%$	同一化验室重复性限 $S_{t,ad}/\%$	不同化验室再现性临界差 $S_{t,ad}/\%$
≤1.50	0.05	0.10
1.50~4.00	0.10	0.20
>4.00	0.20	0.30

七、实验报告

(1) 叙述库仑法测定煤中全硫含量的实验目的和过程。
(2) 计算本次实验一般分析煤样的全硫含量。
(3) 判断测量结果精密度,并分析实验过程中的异常现象。
(4) 简述实验后的收获体会。
(5) 完成思考题及实验小结。

八、思考题

(1) 为什么库仑法测定煤中全硫不采用纯氧做载气?
(2) 库仑法正式测定前,为什么要加烧废样?
(3) 库仑法测硫时,为什么当电解液的 pH<1 时需要更换?
(4) 为什么电解液中要加入冰乙酸?

实验二十九 煤炭发热量的测定

发热量既是评价煤炭质量的一项重要指标,又是动力煤的主要质量指标。由于煤的燃烧和气化须用发热量计算其热平衡、热效率和耗煤量等,因此,发热量也是燃烧设备和气化设备的设计依据之一。通过发热量可以粗略推测煤的许多性质,如变质程度、黏结性、氢含量等。煤炭发热量(恒湿无灰基高位发热量)又是年轻煤的分类指标。本实验根据 GB/T 213—2008 制定,适用于泥炭、煤炭、焦炭等固体矿物燃料。

一、实验目的

(1) 掌握煤炭发热量的测定原理;
(2) 学习运用恒温式量热仪测定煤炭发热量的方法与步骤;
(3) 熟练掌握各项校正计算方法。

二、实验原理

称取一定量煤样放入氧弹中。氧弹充入氧气后浸没在盛水的内筒中,点火使煤样完全燃烧。根据氧弹周围水温的升高值,计算煤的发热量。实际上煤样燃烧释放的热量,不仅使内筒水温升高,还使氧弹本身、内筒、插入内筒的搅拌器和温度计等组成的量热系统吸热升温。此外,恒温式量热仪的内、外筒之间还存在热交换。因此,须经过一系列校正后,方可计算出煤样在氧弹中燃烧所放出的热量。

三、仪器设备及材料

(1) 量热仪:恒温式量热仪包括以下主件和附件。
① 氧弹:由耐热、耐腐蚀的镍铬或镍铬钼合金钢制成。

② 内筒：由紫铜、黄铜或不锈钢制成。筒内盛水 2 000～3 000 mL，以能浸没氧弹（进、出气阀和点火电极除外）为准。内筒外表面应电镀抛光，以减少内、外筒间的辐射传热。

③ 外筒：为金属制成的双壁容器，装有盖。外筒底部设有绝缘支架，以便放置内筒。

④ 搅拌器：螺旋桨式，转速以 400～600 r/min 为宜，搅拌效率应使在热容量标定时，由点火到终点的时间不超过 10 min，同时又要避免过多的搅拌热（当内、外筒温度和室温保持一致时，连续搅拌 10 min，所产生的热量不应超过 120 J）。

⑤ 温度计：精密温度计。

⑥ 燃烧皿：铂制品或镍铬钢制品。规格为高 17 mm，上部直径为 25～26 mm，底部直径为 19～20 mm，厚为 0.5 mm。由其他合金钢或石英制的燃烧皿也可使用，但必须保证试样燃烧完全，而本身又以不受腐蚀和产生热效应为原则。

⑦ 点火装置：本量热仪采用棉线点火，在遮烟罩以上的两电极柱间连接一段直径约 0.3 mm 的镍铬丝，丝的中部预先绕成螺旋状，以便发热集中，调节电压，使发热丝在 4～5 s 内达到暗红，使用时棉线一端夹在螺旋中，另一端搭接在试样上。点火采用 8～24 V 的电源。

⑧ 控制器或计算机：用于程序控制量热仪的运行，保存测试条件、样品信息，计算所测数据得到测定结果。

（2）压力表和氧气导管：压力表应由两个表头组成，一个指示氧气瓶中的压力，另一个指示充氧时氧弹的压力。表头上应装设减压阀和保险阀。压力表每年至少经计量机关检定一次，以确保指示正确和操作安全。

压力表由内径为 1～2 mm 的无缝铜管与氧弹连通。

压力表和各连接件禁止与油脂接触或使用润滑油。如不慎被污染，必须依次用苯和酒精清洗，待风干后再用。

（3）压饼机：螺旋式压饼机或杠杆式压饼机，能压制直径 10 mm 的煤饼或苯甲酸饼。模具和压杆应为硬质钢制成，表面光洁，易于擦拭。

（4）分析天平：感量 0.1 mg。

（5）工业天平：最大称量 4～5 kg，感量 0.5 g。

（6）氧气：至少 99.5% 的纯度，不含可燃成分，因此不许使用电解氧。

（7）苯甲酸：经计量机关检定并标明热值的基准量热物质。使用前应在 40～50 ℃ 的温度下烘烤 3～4 h。

（8）点火丝：使用棉线点火，选用粗细均匀不涂蜡的白棉线。其燃烧热为 17 500 J/g。

(9) 酸洗石棉绒：使用前在 800 ℃下灼烧 30 min。

(10) 包纸：使用前先测定其燃烧热，方法是将 3~4 张包纸用手团紧，精确称量，放入燃烧皿，按常规方法测其发热量。取两次结果的平均值作为标定值。

四、实验步骤与操作（恒温式量热仪法）

(1) 用已知质量的包纸称取粒度小于 0.2 mm 的一般分析实验煤样 0.9~1.1 g（称准至 0.000 2 g），包裹后用点火棉线系牢，放入燃烧皿中，棉线的另一端固定在点火丝上。对于燃烧时易于飞溅的试样，可用已知质量和发热量的包纸包紧，或在压饼机中压成饼并切成 2~4 mm 的小块使用。不易燃烧完全的试样，可在燃烧皿的底部铺上一个石棉垫，或用石棉绒作衬垫。若用石英燃烧皿无须任何衬垫。如果加衬垫后仍然燃烧不完全，可提高充氧压力至 3.0~3.2 MPa，或用已知质量和发热量的包纸包裹试样并用手压紧，放入燃烧皿中。

(2) 将 10 mL 蒸馏水注入氧弹，小心拧紧氧弹盖，接上氧气导管，开始充氧，直到氧弹压力达 2.6~2.8 MPa。充氧时间不得少于 30 s。当钢瓶氧压降至 5.0 MPa 以下时，充氧时间可酌量延长；降到 4.0 MPa 以下时应更换新的氧气。

(3) 向内筒加入一定量的蒸馏水（应与热容量标定时内筒水量相同，相差不大于 0.5 g），须使氧弹盖的顶面（不包括突出的氧气阀和电极）淹没在水面下 10~20 mm。内筒中加入的水量最好用称量法确定。若采用容量法，则需对温度变化进行补正。注意恰当调节内筒水温，使终点时内筒温度比外筒高约 1 K。外筒温度应尽量接近室温，相差不得超过 1.5 K。

(4) 将氧弹放入已加水的内筒中，若氧弹内无气泡逸出，表明气密性良好，即可将内筒放置在外筒的绝缘架上；如果有气泡出现，则表明漏气，应查找原因，加以纠正，重新充氧。接上点火电极插头。测量外筒温度并输入到控制器后，盖上外筒盖。

(5) 在控制器上输入样品信息、测试类型等相关参数。按"开始测定"进入测试状态，系统自动开启搅拌，自动点火。测定结束后控制器显示或打印结果。

(6) 打开外筒盖，取出氧弹，开启氧弹上的放气阀，放出燃烧废气。放气后打开氧弹，仔细观察弹筒和燃烧皿内部，如发现试样燃烧不完全的迹象或有炭黑存在，则实验应作废，需重新进行测定。

(7) 需要时用蒸馏水充分冲洗氧弹内各部分、放气阀、燃烧皿内外和燃烧残渣。将全部洗液（约 100 mL）收集在烧杯中，供测定弹筒洗液硫含量之用。

五、实验中注意事项

(1) 充氧和放气应缓慢进行。充氧时间不应少于 30 s，放气时间不应少于 60 s。放气时应避免将排气口朝向人体。

(2) 点火棉线不要沾湿，以防点火失败。

(3) 量热仪点火时,不要将身体靠近该仪器。

(4) 量热仪需定期进行标定,过期需复查。如果中途更换温度计、弹筒盖等大部件,应重新标定。

六、实验数据记录及整理

(1) 实验记录

煤样编号:

包纸质量:

煤样质量:

空气干燥基弹筒发热量 $Q_{b,ad}$:

(2) 高位发热量的计算

$$Q_{gr,v,ad} = Q_{b,ad} - (94.1 S_{b,ad} + a \cdot Q_{b,ad}) \qquad (6\text{-}29\text{-}1)$$

式中　$Q_{gr,v,ad}$——空气干燥基恒容高位发热量,J/g;

$Q_{b,ad}$——空气干燥基弹筒发热量,J/g;

$S_{t,ad}^{①}$——弹筒洗液中硫占实验煤样的百分比,%;

a——硝酸生成热校正系数,

　　当 $Q_{b,ad} \leqslant 16.7$ kJ/g 时,$a = 0.0010$;

　　当 $Q_{b,ad} > 25.10$ kJ/g 时,$a = 0.0016$;

　　当 16.7 kJ/g $< Q_{b,ad} \leqslant 25.10$ kJ/g 时,$a = 0.0012$;

　　加助燃剂时,应按总释热计;

94.1——煤样中每1%硫生成硫酸的热校正值,J/g。

在需要计算弹筒洗液硫的情况下,将洗液煮沸 1~2 min,取下稍冷,以甲基红作指示剂,用 NaOH 标准溶液进行滴定,求出洗液中总酸量,按下式求 $S_{b,ad}$。

$$S_{b,ad} = (c \cdot V/m - a Q_{b,ad}/59.8) \times 1.6 \qquad (6\text{-}29\text{-}2)$$

式中　c——NaOH 标准溶液的浓度,mol/L;

V——NaOH 标准溶液的耗量,mL;

59.8——1 mmol 硝酸的生成热,J;

m——测发热量时煤样的质量,g;

1.6——换算为硫的系数。

当煤中全硫含量小于 4.00% 或发热量(含助燃剂热值)大于 14.60 kJ/g 时,可用全硫 $S_{t,ad}$ 代替弹筒洗液硫 $S_{b,ad}$ 进行计算。

注:① 当煤中全硫含量小于 4.00% 或发热量(含助燃剂热值)大于 14.60 kJ/g 时,可用全硫 $S_{t,ad}$ 代替弹筒洗液硫 $S_{b,ad}$ 进行计算。

(3) 发热量测定结果的表达

弹筒发热量和高位发热量的结果计算至 1 J/g。取高位发热量的两次重复测定的平均值,按数字修约至最接近 10 J/g 倍数,以 kJ/g 的形式报出。

七、精密度

精密度如表 6-29-1 所示。

表 6-29-1 精密度

高位发热量	同一化验室重复性限 $Q_{gr,ad}$/(J/g)	不同化验室再现性临界差 $Q_{gr,d}$/(J/g)
	120	300

八、实验报告

(1) 简述实验目的、实验原理和主要操作步骤。
(2) 整理实验所得数据,计算发热量。
(3) 分析实验精密度。
(4) 完成思考题及实验小结。

九、思考题

实验前为什么要在弹筒内加入 10 mL 蒸馏水?

实验三十 烟煤黏结指数的测定

黏结指数是评价烟煤黏结性的主要指标之一。黏结性的强弱直接影响炼焦的工艺过程及焦炭的机械强度。通过测定烟煤的黏结指数,可以大致判断煤的加工利用途径,指导配煤炼焦,确定煤的工业牌号。本实验根据 GB/T 5447—2014 制定。

一、实验目的

(1) 掌握烟煤黏结指数测定的基本原理;
(2) 学会测定烟煤黏结指数的操作方法与步骤。

二、实验原理

将一定量煤样与专用无烟煤混合均匀并压实,在(850±10)℃的温度下焦化。所得焦块在特定转鼓内转磨,根据焦块的耐磨强度来表征烟煤的黏结性。

三、仪器设备及材料

(1) 瓷制专用坩埚和坩埚盖,直径(20±1.5)mm,高度(40±1.5)mm。
(2) 搅拌丝:由直径 1~1.5 mm 的金属丝制成。
(3) 压平器:用铁制成,重锤质量 6 kg。

(4) 压块：由镍铬钢制成，质量为 110~115 g。

(5) 箱形电炉：恒温带需在 120 mm 以上，并附有恒温控制器。

(6) 转鼓实验装置：包括两个转鼓、一台变速器和一台电动机。转鼓转速为 (50±2)r/min。转鼓内径为 200 mm，深 70 mm。

(7) 圆孔筛：筛孔直径为 1 mm。

(8) 坩埚架：由直径为 3~4 mm 的镍铬丝制成。

(9) 带手柄平铲：手柄长 600~700 mm，铲宽约 20 mm，铲长 180~220 mm，厚 1.5 mm。用于送取盛样坩埚架出入箱形电炉。

(10) 玻璃表面皿或铝箔制称样皿。

(11) 搪瓷盘：两个，长 300 mm，宽 220 mm，高约 25 mm。

(12) 秒表，干燥器，小镊子，小刷子，小铲刀。

(13) 分析天平：感量 1 mg。

(14) 煤样要求

① 实验煤样为粒度<0.2 mm 的一般分析实验煤样，其中 0.1~0.2 mm 的粒级占全部煤样 20%~35%。煤样制好后应妥善保存，严防氧化。制样后至实验的时间不得超过 7 d。否则，在报告中应注明制样和实验的时间。

② 黏结指数专用无烟煤应符合 GB/T 14181—2010 的要求：

a. 宁夏汝箕沟矿的专用无烟煤；

b. 粒度为 0.1~0.2 mm，0.1 mm 筛下率不大于 7%；

c. A_d<4%，V_{daf}<7.5%。

四、实验步骤与操作

1. 实验煤样与标准无烟煤的混合

(1) 称 5.000 g 标准无烟煤，再称 1.000 g 实验煤样放入坩埚。

(2) 用搅拌丝的圆环一端将坩埚内的混合物搅拌 2 min。其方法是：一手持坩埚做 45°左右倾斜，逆时针方向转动，转速为 15 r/min；另一手持搅拌丝按同样倾角做顺时针方向转动，转速约为 150 r/min。搅拌时，搅拌丝的圆环应与坩埚壁和底相连的圆弧部分接触。经 1 min 45 s 后，一边继续搅拌，一边将坩埚和搅拌丝逐渐转到垂直位置，2 min 时停止搅拌。搅拌时应防止煤样外溅。

(3) 搅拌结束后将坩埚壁上的煤粉轻轻扫下，用搅拌丝的矩形端将煤样拨平。并使沿坩埚壁的层面较中央低 1~2 mm。

(4) 用镊子将压块放置在煤样表面中央，然后用压平器压实 30 s。加压时要轻放重锤，以防冲击煤样。

(5) 加压完毕，压块仍留在坩埚中，加上坩埚盖。

2. 混合物的焦化

将带盖的坩埚轻轻放在坩埚架上,坩埚架与坩埚一起移入已升温至 850 ℃ 的箱形电炉的恒温区。开启秒表计时并立即关闭炉门。要求在 6 min 内炉温应恢复至 850 ℃(若恢复不到此温度,可适当提高入炉预热温度),并保持在(850±10)℃。从放入坩埚开始计时,炭化 15 min 后取出坩埚,冷却到室温。若不立即进行转鼓实验,将坩埚存入干燥器中。

3. 转鼓实验

(1) 从坩埚中取出压块,用毛刷或小刀将附着在压块上的焦屑刷入(或刮入)表面皿,称量焦渣总质量。

(2) 将焦渣放入转鼓进行第一次转鼓实验。转磨后的焦渣用直径为 1 mm 圆孔筛进行筛分,称量筛上焦渣质量。将称量后的焦渣移入转鼓进行第二次转鼓实验,重复上述筛分和称量操作。

每次转鼓实验需进行 5 min,质量都应称准至 0.01 g。

五、实验中注意事项

(1) 试样混合后严禁撞击或振动,焦化后所得焦块也不得受到撞击,以免造成人为破碎而影响转鼓实验结果。

(2) 试样必须严格防止氧化,从制样至测定不得超过 7 d。

(3) 用搅拌丝搅拌煤样时,用力应均匀,防止煤样溅出坩埚。

六、实验数据记录及整理

(1) 数据记录

实验数据记录于表 6-30-1 中。

表 6-30-1 黏结指数的测定

煤样名称		
重复测定	第一次	第二次
坩埚编号		
坩埚质量/g(不带盖)		
焦渣+坩埚质量/g		
焦渣总质量 m/g		
第一次转鼓实验后,筛上焦渣质量 m_1/g		
第二次转鼓实验后,筛上焦渣质量 m_2/g		
黏结指数 G		
G 平均值		

实验人员:_____ 日期:_____ 指导教师:_____

(2) 按式(6-30-1)计算

$$G = 10 + \frac{30m_1 + 70m_2}{m} \qquad (6\text{-}30\text{-}1)$$

式中　　m——焦化处理后焦渣总质量,g;

　　　　m_1——第一次转鼓实验后,筛上焦渣质量,g;

　　　　m_2——第二次转鼓实验后,筛上焦渣质量,g;

　　　　G——黏结指数。

七、补充实验

当按上述步骤测定出的 $G<18$ 时,须改变配比做补充实验。改变后的配比应为 3.000 g 试样与 3.000 g 标准无烟煤混合,其余实验操作同前。

补充实验黏结指数按下式计算:

$$G = \frac{30m_1 + 70m_2}{5m} \qquad (6\text{-}30\text{-}2)$$

式中符号意义同前。

八、精密度

每一实验煤样应分别进行两次重复实验。两次实验结果的差值应符合表 6-30-2 要求。

表 6-30-2　精密度

G 值范围	同一化验室重复性限	不同化验室再现性临界差
$G \geqslant 18$	$\leqslant 3$	$\leqslant 4$
$G < 18$	$\leqslant 1$	$\leqslant 2$

重复实验结果的算术平均值作为最终结果,结果取整数。

九、实验报告

(1) 简述实验目的、原理和主要操作步骤。

(2) 整理实验所得数据,计算黏结指数 G。

(3) 分析实验精密度。

(4) 完成思考题及实验小结。

十、思考题

(1) 黏结指数法对罗加指数法做了哪些改进？有什么优点？

(2) 试分析称样准确度对测试结果的影响。

第七章　矿物岩石学实验

实验三十一　矿物的肉眼鉴定实验

一、实验目的

(1) 通过对矿物单体形态和集合体形态的认识,理解矿物的结晶习性,掌握常见的矿物晶体形态;

(2) 通过实验观察,掌握常见矿物的物理性质、光学特性和力学特性。

二、实验原理

矿物的肉眼鉴定是一种简便、迅速而又经济的方法。矿物的形态——外表特征和矿物的物理性质,是肉眼鉴定矿物的两项主要依据。

肉眼鉴定矿物的大致过程是从观察矿物的形态入手,然后观察矿物的光学性质、力学性质,进而参照其他物理性质或借助于化学试剂与矿物的反应,最后综合上述观察结果,查阅有关矿物鉴定表,即可查出矿物的定名。

1. 矿物的形态

矿物的形态是指矿物的单体形态及集合体形态。矿物的单体形态是其化学成分、内部晶体结构的外在反映,在矿物鉴定上具有重要意义。

矿物的单体形态根据单晶体在三维空间发育程度不同分为 3 类:单向延展型、双向延展型和三向延展型。

同种矿物多个单体聚集在一起的整体就叫矿物集合体。矿物多数是以集合体状态出现的。根据集合体中矿物颗粒大小(或可辨度)分为 3 种形态:肉眼可以辨认单体的为显晶集合体,显微镜下才能辨认单体的为隐晶集合体,在显微镜下也不能辨认单体的为胶态集合体。

显晶集合体按单体的形态及集合方式的不同,分为柱状集合体、放射状集合体、板状集合体、粒状集合体。隐晶和胶态集合体包括结核体、分泌体、钟乳状体和粉末状集合体。

2. 矿物的光学性质

矿物的光学性质,主要是指矿物对光线的吸收、反射和折射表现出的各种性质。用肉眼能观察的光学性质主要有矿物的颜色、条痕、光泽和透明度等。

(1) 矿物的颜色

矿物对可见光选择性地吸收是其呈现不同颜色的主要原因。当矿物受白光照射时，便对光产生吸收、透射和反射等各种光学现象。如果矿物对光全部吸收，矿物呈现黑色；如果矿物对白光中所有波长的色光均匀吸收，则矿物呈现灰色；基本上都不吸收则为无色或白色。如果矿物只选择吸收某些波长的色光，而透过或反射出另一些色光，则矿物就呈现颜色。矿物吸收光的颜色和被观察到的颜色之间为互补关系。例如，照射到矿物上的白光中的绿色被吸收，矿物则呈现绿色的互补色——红色。通过矿物的颜色，可以判断矿物吸收光波的情况。

矿物学中还将矿物的颜色分为自色、他色和假色。自色是指由矿物本身固有的成分、结构所决定的颜色，对矿物鉴定有着重要的意义；他色是由杂质、气泡包裹体等所引起的颜色；假色是物理光学效应而产生的颜色，如晕色、锖色、色彩等。

(2) 矿物的条痕

矿物的条痕是指矿物粉末的颜色。一般是将矿物在白色无釉瓷板上刻画后，观察其留下的粉末颜色。矿物的条痕可以消除假色，减弱他色，因而比矿物颜色更稳定。所以，在鉴定各种彩色或金属色的矿物时，条痕色是重要的鉴定特征之一。

(3) 矿物的透明度

矿物的透明度是矿物可以透过可见光的程度。矿物的透明与不透明不是绝对的，在研究矿物的透明度时，应以同一厚度为准。根据矿物岩石薄片（其标准厚度为 0.03 mm）中透明的程度，矿物的透明度可分为 3 级。

① 透明：矿物 0.03 mm 厚的薄片能透光，如石英、长石、角闪石。

② 半透明：矿物 0.03 mm 厚的薄片透光能力弱，如辰砂、锡石。

③ 不透明：矿物 0.03 mm 厚的薄片不能透光，如方铅矿、黄铁矿、磁铁矿等。

(4) 矿物的光泽

矿物的光泽是指矿物表面对光的反射能力。反射率越大，光泽越强，按照反射率的大小，光泽分为 4 级。

① 金属光泽：呈金属般的光亮，条痕呈褐色、灰黑、绿黑或金属色，不透明，如自然金、黄铁矿、方铅矿。

② 半金属光泽：呈弱金属般的光亮，不透明，条痕深彩色（棕色、褐色），如铬铁矿、黑钨矿。

③ 金刚光泽：如同金刚石般的光亮，条痕为浅色（浅黄、橘黄、橘红）或无色，透明-半透明，如金刚石、辰砂、雌黄。

④ 玻璃光泽：如同玻璃般的光亮，条痕为无色或白色，透明，如石英、长石、方解石。

一般而言，矿物的光泽与条痕色相关，条痕色越深，光泽越强。

3. 矿物的力学性质

(1) 矿物的解离和断口

矿物晶体在外力作用下沿着一定结晶方向破裂，并且能裂出光滑平面的性质称为解理。裂开的光滑平面为解理面。

断口也是矿物在外力作用下发生破裂的性质。断口在晶体或非晶体矿物上均可发生，指矿物在外力作用下破裂后所呈现的断裂面的特征。

解理是晶体异向性的表现之一。矿物晶体的解理严格受其内部结构的控制。解理面一般平行于面网密度最大的面网、阴阳离子电性中和的面网、两层同号离子相邻的面网以及化学键力最强的方向。根据晶体在外力作用下裂成光滑解理面的难易程度，可把解理分成5级。

① 极完全解理：矿物在外力作用下极易裂成薄片。解理面光滑、平整，很难发生断口，如云母、石墨、石膏等。

② 完全解理：矿物在外力作用下很易沿解理方向裂成平面（不成薄片）。解理面平滑，较难发生断口，如方解石、方铅矿、萤石等。

③ 中等解理：矿物在外力作用下可以沿着解理方向裂成平面。解理面不太平滑，易出现断口，如白钨矿、普通辉石等。

④ 不完全解理：矿物在外力作用下不容易裂出解理面。解理面不平整，容易成为断口，如磷灰石等。

⑤ 极不完全解理（即无解理）：矿物受外力作用后极难出现解理面。在碎块上常为断口，如石英、石榴子石等。

断口常具有一定的形态，作为鉴定矿物的特征之一。矿物断口的形状主要有下列几种。

① 贝壳状：断口呈圆形的光滑曲面，面上常出现不规则的同心条纹，如石英和玻璃质体。

② 锯齿状：断口呈尖锐的锯齿状，延展性很强的矿物具有此种断口，如自然铜。

③ 纤维状及多片状：断口呈纤维状或细片状，如纤维石膏、蛇纹石等。

④ 参差状：断口参差不齐，粗糙不平，大多数矿物具有此种断口，如磷灰石。

⑤ 土状：断口呈细粉状，断口粗糙，为土状矿物所特有，如高岭石、铝矾土等。

(2) 矿物的硬度

矿物的硬度是指矿物抵抗外来机械作用力(如刻划、压入、研磨等)侵入的能力。通常用摩氏硬度计来测定矿物的硬度。摩氏硬度计按照矿物的软硬程度分为10级,从软到硬依次为:滑石,石膏,方解石,萤石,磷灰石,正长石,石英,黄玉,刚玉,金刚石。各级之间硬度的差异不是均等的,等级之间只表示硬度的相对大小。

三、仪器设备及材料

(1) 矿物标本:矿物标本(200件装),矿物形态标本(30件装),矿物光泽标本(10件装),矿物硬度标本(摩氏硬度计)(10件装),矿物断口标本(5件装),矿物解理标本(5件装),矿物物理特性标本(40件装)。

(2) 白色无釉瓷板,小刀,放大镜等。

四、实验步骤与操作

1. 矿物形态观察

对矿物形态标本进行观察。对矿物单体形态,观察矿物延伸情况,区分三种类型;对矿物集合体形态,区分显晶集合体形态、隐晶和胶态集合体形态。显晶集合体主要观察柱状(红柱石)、放射状(阳起石)、板状(重晶石)和粒状(橄榄石);隐晶和胶态集合体主要观察结核体(结核状-磷灰石、鲕状-赤铁矿、豆状-铝土矿)、分泌体(晶腺-玛瑙、杏仁状体-石英或方解石)、乳状体(蛇纹石)。

2. 矿物光学性质

(1) 颜色:掌握颜色命名规律,分别观察自色、假色和他色矿物。

(2) 条痕观察:观察磁铁矿、赤铁矿、孔雀石、黄铜矿、方解石等的条痕色,掌握它与颜色的关系。

(3) 透明度:借助条痕色来区别,一般白色条痕的矿物是透明的,浅-深色条痕的矿物是不透明的。观察透明矿物(方解石、白云母)、半透明矿物(闪锌矿、辰砂)、不透明矿物(磁铁矿、方铅矿)。

(4) 光泽:观察矿物光泽标本,区分金属光泽(方铅矿、黄铜矿)、半金属光泽(磁铁矿、赤铁矿)、金刚光泽(闪锌矿、辰砂)、玻璃光泽(石英、方解石、萤石)。

3. 矿物力学性质

(1) 解理和断口

观察矿物断口标本和矿物解理标本,注意解理面和断口面的区别。若矿物块体表面光滑并有几个与此方向相同的平滑面,则为解理所具有的特征;反之,若矿物块体只有个别光滑面,但不平直或只有凹凸不平的表面,则是断口的特征。观察下列矿物的解理特征(发育程度、组数、解理类角)和断口特征:

① 极完全解理(云母)、完全解理(方解石)、中等解理(长石)、不完全解理(磷灰石)。

② 贝壳状断口(石英)、纤维状断口(石膏)、土状断口(高岭土)。

(2) 硬度

选择被测样品新鲜面的尖锐位置,在矿物硬度标本(摩氏硬度计)平面进行刻划,刻划硬度的测试由低至高依次进行。观察硬度计平面有无划痕。注意,刻划时要轻擦平面,以防被测样品的粉末留在硬度计上,使判断失误。

若硬度计平面有划痕,则样品硬度大于硬度计。再依次测试更高一级的硬度计,直至样品硬度介于两个硬度级别之间或相当于某一硬度计。

摩氏硬度计所测的相对硬度用 1~10 数字表示,根据实测情况,可分别用等于、大于、小于某硬度级别表示样品摩氏硬度值或范围。

特别注意:只有在矿物单体新鲜面上实验才能得出正确的结论。

五、实验数据记录及整理

将实验数据填入表 7-31-1 中。

表 7-31-1 矿物鉴定实验记录表

矿物名称	矿物性质	颜色	条痕色	透明度	光泽	解理断口	硬度

实验人员:_____ 日期:_____ 指导教师:_____

六、实验报告

(1) 简述实验目的和实验原理。
(2) 阐述实验操作步骤,记录观察鉴定结果。
(3) 完成思考题及实验小结。

七、思考题

(1) 矿物有哪些物理性质?
(2) 矿物颜色与哪些因素有关?条痕色和颜色有何关系?
(3) 通过观察,分析矿物的颜色、条痕、光泽、透明度之间的关系。并以黄铜矿、方解石、闪锌矿举例说明。

实验三十二 显微镜下矿物含量的测定实验

一、实验目的

(1) 强化理解矿物含量,提高显微镜下各种矿物的辨别能力;
(2) 掌握偏反光显微镜的使用方法;

(3) 掌握矿物含量的测定方法与过程。

二、实验原理

煤炭质量的高低一般是以灰分作为主要指标,而矿物是以有用和可回收的矿物含量高低作为评价的主要指标,矿物含量的高低是矿物分选的基础。矿物含量有多种方法进行测量,如化学分析、显微镜法、X光衍射定量法、原子吸收和光谱分析法等,其中显微镜下矿物含量测定是最简单、操作方便、成本最低、快速和直观的测量方法,是国内外普遍使用的一种方法。

显微镜法是从待测矿物原料中选取少量有代表性的样品,加工制备成光片或薄片,在显微镜下通过测定不同矿物在光片或薄片上所占比例进行矿物定量的一种方法。

测量的基本原理:显微镜下矿物定量是在光片或薄片上进行的,在光片或薄片上矿物颗粒仅能显示出二维尺寸,需要将显微镜下测定的二维数据转化为三维。显微镜下矿物含量的测定方法有点测法、线测法和面测法。不同的科学家从不同的方面证明了点测法、线测法和面测法所测定的百分含量与体积百分含量是相等的,即

$$P_p = L_l = A_a = V_v \tag{7-32-1}$$

式中 P_p——点数百分含量;

L_l——线段百分含量;

A_a——面积百分含量;

V_v——体积百分含量;

因此,矿物的质量百分含量(W,%)为:

$$W = P_p(d/D) = L_l(d/D) = A_a(d/D) = V_v(d/D) \tag{7-32-2}$$

式中 W——矿物的质量百分含量,%;

d——待测矿物的密度,g/cm³;

D——原料的密度,g/cm³。

1. 显微镜下目估定量

显微镜下目估定量是利用一套含量分别为1%、3%、5%、10%、…、90%的标准图,与在显微镜下所观察视域中的待测矿物分布情况进行对比,大致判断矿物含量的一种方法。该法可使用实体显微镜对粉状样品直接测定,也可利用偏反光显微镜对光片或薄片进行测量。该法测量速度快,但很粗略。矿物含量标准图如图7-32-1所示。

2. 面测法定量

面测法定量是采用带方格网的目镜进行矿物定量的一种方法。如图7-32-2所示,测量时,按照一定的间距左右移动载物台,将整个矿物薄片全部测完,按视

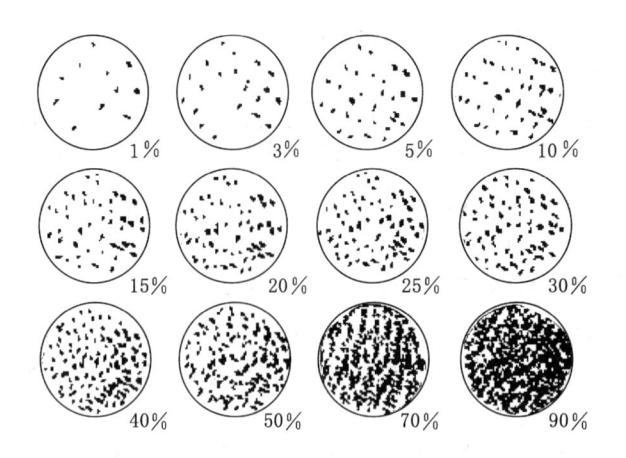

图 7-32-1 矿物含量标准图

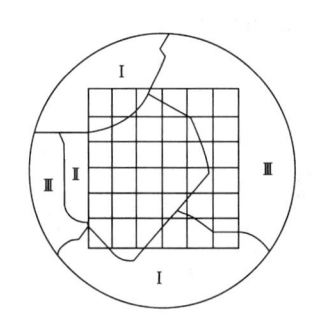

图 7-32-2 面测法原理示意图

域统计不同矿物的面积(所占网格数),并将测量结果记录在表 7-32-1 中,通过累计计算待测矿物在该矿物薄片中的体积含量。

$$W_m = 100 N_m \rho_m / (N_1 \rho_1 + N_2 \rho_2 + \cdots + N_m \rho_m)$$

式中 W_m——第 m 种矿物在原料中的质量百分含量,%;

N_m——第 m 种矿物在切片中所占网格数;

ρ_m——第 m 种矿物的密度,g/cm³。

表 7-32-1 面测法测量结果记录表

视 域	各矿物所占网格数					
1	矿物 N_1	矿物 N_2	矿物 N_3	⋯	矿物 N_m	合计
2	N_{11}	N_{21}	N_{31}	⋯	N_{m1}	
3	N_{12}	N_{22}	N_{32}	⋯	N_{m2}	

表 7-32-1(续)

视域	各矿物所占网格数				
3	N_{13}	N_{23}	N_{33}	…	N_{m3}
⋮	⋮	⋮	⋮		⋮
i	N_{11}	N_{21}	N_{31}	…	N_{m1}
合计	N_1	N_{21}	N_3		N_m
体积含量 $V/\%$	V_1	V_2	V_3	…	V_m	100
质量含量 $W/\%$	W_1	W_2	W_3	…	W_m	100

面测法适合于较粗的颗粒，微细颗粒的测量误差较大。

3. 线测法定量

线测法的测量依据是矿物薄片表面不同矿物沿一定方向直线上线段截距长度百分含量与其在原料中的质量百分含量相等。选用带有直线测微尺的目镜，测微尺长度一般为 1 cm，等分为 100 个小格(图 7-32-3)。测量时，按一定的方向和间距，通过机械台左右移动矿物薄片，以测微尺为单位统计测微尺在不同矿物表面的线段截距长度，长度统计的数值代表了矿物的含量。该法适合于微细的矿物，精度更高。

4. 点测法定量

点测法的测量依据是矿物薄片表面不同矿物所占点数之比与其在原料中的体积之比相等。测量时，在目镜筒中装入测微网(图 7-32-4)，将视域中不同矿物表面分布的交点数分别统计，以矿物薄片上出露面积大的矿物占有的点数含量来代表矿物含量。点测法适合于矿物嵌布粒度均匀的矿物原料。

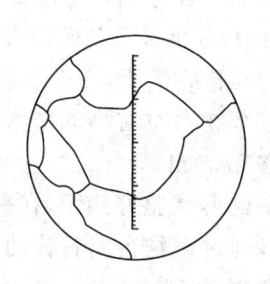

图 7-32-3 线测法原理示意图   图 7-32-4 点测法原理示意

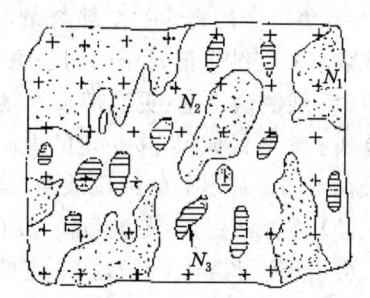

三、仪器设备及材料

(1) 偏反光显微镜 1 台(图 7-32-5)，需附有带方格网的目镜、带直线测微尺的目镜和测微网。

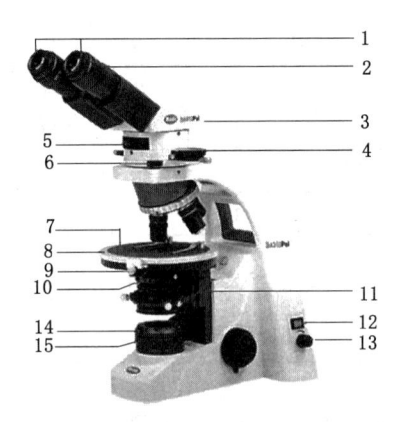

1—目镜;2—视度调节圈;3—双目观察头;4—检偏器调节圈;5—勃氏镜转动手轮;
6—补偿器;7—旋转载物台;8—游标;9—旋转载物台固定螺钉;10—聚光镜孔径光圈;
11—聚光镜固定螺钉;12—电源开关;13—亮度调节手轮;14—滤色片座;15—视场光栏调节圈。

图 7-32-5　偏反光显微镜

(2) 纯度较高的矿样(−200 网目大于 50%,所含矿物必须为晶态)3~5 种,粉末状(制成光片或薄片)。

四、实验步骤与操作

(1) 首先通过肉眼观察,根据所学矿物知识大致判断待测矿样中的主要矿物有哪几种和各自含量高低。

(2) 目估定量:将样品放置在载物台上观察视域中的各种矿物的分布情况,然后与矿物含量标准图进行对比,判断各种矿物的含量。

(3) 面测法定量:更换带方格网的目镜进行测量,按照一定的间距左右移动载物台,将整个矿物薄片全部测完,统计不同视域中各种不同矿物的面积(所占网格数),并将结果记录于面测法测量结果记录表中,分别计算各矿物含量。

(4) 线测法定量:更换带直线测微尺的目镜,调整好焦距,在矿物颗粒上就会叠加一个直线微尺,按一定的方向和间距,通过载物台左右移动矿物,统计测微尺在不同矿物表面的线段截距长度,测量各种矿物含量。

(5) 点测法定量:更换目镜,在目镜中装入测微网,调整好焦距,在矿物颗粒上就会出现许多"+"标记,按一定的方向和间距,通过载物台左右移动矿物,统计视域中不同矿物表面分布的交点数,测量各种矿物含量。

(6) 更换其他矿物,继续按照(2)(3)(4)和(5)的步骤进行测量。

五、实验数据记录及整理

(1) 记录和计算各种矿物的含量(表 7-32-2、表 7-32-3)。

(2) 对各种方法所测得的矿物含量进行对比,分析各种方法的优缺点。

表 7-32-2　面测法测量结果记录表

视　域	各矿物所占网格数					
1						合计
2						
3						
3						
⋮						
i						
合计						
体积含量 $V/\%$						100
质量含量 $W/\%$						100

实验人员：_____　　日期：_____　　指导教师：_____

表 7-32-3　各种测量方法所测定的矿物含量对比

矿物名称	矿物含量/%			
	目估定量	面测法	线测法	点测法
合计				
体积含量 $V/\%$				
质量含量 $W/\%$				

实验人员：_____　　日期：_____　　指导教师：_____

六、实验报告

（1）简述实验目的和实验原理。

（2）阐述实验操作步骤，记录测量结果并计算。

（3）完成思考题及实验小结。

七、思考题

（1）简述各种矿物测量方法的优缺点及适用矿物的类型和特点。

（2）查阅相关资料，了解其他矿物含量测定的方法。

实验三十三 矿物嵌布粒度测定实验

一、实验目的
(1) 强化理解矿物嵌布粒度的概念；
(2) 掌握偏反光显微镜的使用方法；
(3) 掌握矿物嵌布粒度的测定方法与过程。

二、实验原理
矿物嵌布粒度特性是指矿物工艺粒度的大小和分布特征，是决定了矿物分选难易程度和可能性大小的关键。矿物的嵌布粒度可分为结晶粒度和工艺粒度。结晶粒度是指单个结晶颗粒的大小，主要用于成因分析；工艺粒度是指某矿物集合体颗粒和单个颗粒的大小。

工艺粒度通常采用定向最大截距和定向随机截距来表征。定向最大截距是指沿一定方向所测得的颗粒最大直径(图 7-33-1)，用于表征粒状矿物颗粒或集合体粒径。定向随机截距用于表征形状和宽度变化无规律的非粒状颗粒粒径(图 7-33-2)。

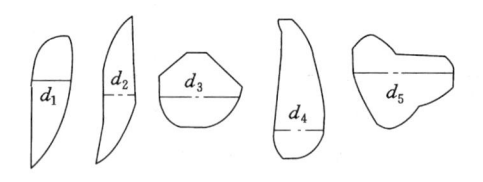

图 7-33-1 定向最大截距

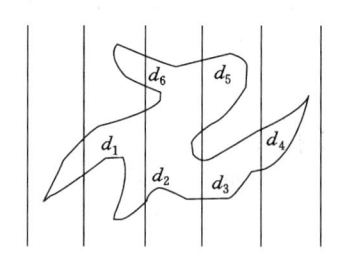

图 7-33-2 定向随机截距

由于磨光面大都未通过颗粒中心，所以测定的粒径数值比实际偏小。其测量方法主要有面测法、线测法和点测法三种。

1. 目镜测微尺刻度格值的标定

目镜测微尺的标定是借助物台测微尺进行的。在一定的目镜、物镜组合条件下,在显微镜载物台上放置一物台测微尺(通常在 1 mm 的长度上刻有 100 个分格,每分格的长度为 0.01 mm),使目镜测微尺与物台测微尺准焦重合后,即可算出目镜测微尺在此目镜-物镜组合下的格值。在标定前应选择合适的目镜和物镜组合,若变更目、物组合时,测微尺的格值需另行测算。

2. 利用测微尺对矿物进行粒度分级

在显微镜下进行工艺粒度测量时,粒级的划分可按目镜测微尺的格子数来划分(如 2、4、8、16、32…)。在选择放大倍数,即目镜-物镜组合时,一般以保证最小粒级颗粒的放大物相不少于目镜测微尺的 2 个刻度,最大粒级颗粒的放大物相不超过目镜测微尺的刻度范围为宜。

注意:目镜测微尺的格值是随目镜-物镜的组合而改变的。颗粒粒径的实际值是实测颗粒粒径的目镜测微尺格数乘以该目镜-物镜组合下的格值。

3. 横尺面测法

该法适合粒状颗粒的测量。该方法利用目镜测微尺、机械台和分类计数器(若无分类计数器用笔记录即可)对视域内的矿物颗粒进行测量。将目镜测微尺沿东西方向横放视域中,利用载物台移动尺将光片按一定间距沿南北方向移动(图 7-33-3),使测微尺范围内的颗粒均逐渐通过测微尺。当一个颗粒通过测微尺时,根据该颗粒的定向(东西方向)最大截距刻度数判断该颗粒属于哪一粒级,即按动分类计数器记录该粒级的按钮,以便累加该粒级的颗粒数。

依次分列将整个光片中的颗粒全部统计完。粒径分布范围较窄时,一般须测 500 个左右颗粒,若粒级相差大,应增加所测颗粒数才能保证测量精度。

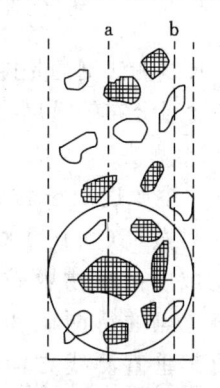

图 7-33-3 横尺面测法示意图

4. 横尺线测法

横尺线测法用于测量一定间距测线上所遇见的粒状颗粒。将目镜测微尺横放(图 7-33-4),与测线垂直。对通过十字丝中心的颗粒借助于目镜测微尺进行垂直测线方向的"定向最大截距"测量,并利用分类计数器分别记录各粒级测量的颗粒数。该法易漏掉粒径较小的颗粒,测量结果粗粒级偏高、细粒级偏低。

5. 顺尺线测法

该法用于测量一定间距测线上非粒状的不规则颗粒。由于颗粒的形状极不规则,不能测其"定向最大截距",只能测其与测线平行交切的"定向随机截距"(图 7-33-5)。目镜测微尺平行测线方向放置,测量和记录测微尺所切的"定向随机截距"。以随机截距为粒径,将不同的随机截距分别记录在不同的粒级中,统计各粒级的格数,计算各粒级的质量百分含量。

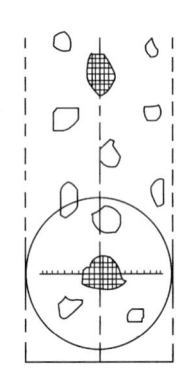

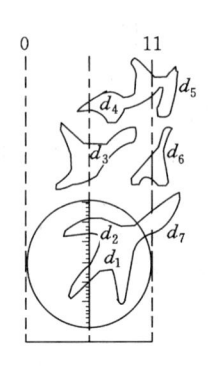

图 7-33-4 横尺线测法示意　　　　图 7-33-5 顺尺线测法示意图

顺尺线测法测的是随机截距,部分颗粒的粒级会降为较细的粒级,从而使粗粒级的含量分布较横尺线测法所测结果偏低。

6. 点测法

该法主要适用于粒状颗粒的测量。该法利用目镜测微尺(垂直测线方向横放)、电动计点器对视域内的矿物颗粒进行测量。测量时,落入十字丝点的待测矿物(从横放的目镜测微尺上测量其垂直测线方向的最大截距)属于何粒级,便按动电动计点器对该粒级进行统计,直至测完光片(图 7-33-6)。

图 7-33-6 点测法示意图

三、仪器设备及材料

(1) 偏反光显微镜 1 台,需附有带方格网的目镜、带直线测微尺的目镜和测微网。

(2) 由 -3 mm 物料经胶结剂胶固后磨制成的砂光片 3~5 块。

四、实验步骤与操作

(1) 首先通过肉眼观察,根据所学矿物知识大致判断待测矿样中的主要矿物有哪几种和各自含量高低。

(2) 横尺面测法:将目镜测微尺沿东西方向横放视域中,利用载物台移动将光片按一定间距沿南北方向移动,使 a、b 线范围内的颗粒均逐渐通过测微尺。每当一个颗粒通过测微尺时,根据该颗粒的"定向(东西方向)最大截距"刻度数判断该颗粒属于哪一粒级,即按动分类计数器记录该粒级的按钮。依次分列将整个光片中的颗粒全部统计完。

(3) 横尺线测法:将目镜测微尺横放,对通过十字丝中心的颗粒借助于目镜测微尺进行垂直测线方向的"定向最大截距"测量,并利用分类计数器分别记录各粒级测量的颗粒数。

(4) 顺尺线测法:目镜测微尺平行测线方向放置,测量和记录测微尺所切的"定向随机截距"。以随机截距为粒径,将不同的随机截距分别记录在不同的粒级中,统计各粒级的格数,计算各粒级的质量百分含量。

(5) 点测法:测量时,落入十字丝点的待测矿物(从横放的目镜测微尺上测量其垂直测线方向的最大截距)属于何粒级,便按动该粒级的按钮计数进行统计,直至测完光片为止。

(6) 更换其他矿物,继续按照(2)、(3)、(4)和(5)的步骤进行测量。

五、实验数据记录及整理

(1) 记录和计算各种矿物的嵌布粒度(表 7-33-1 至表 7-33-4)。

(2) 对各种方法所测得的矿物嵌布粒度进行对比,分析各种方法的优缺点。

表 7-33-1 矿物工艺粒度测定结果(横尺面测法)

物镜:　　　　　　　　　目镜:　　　　　　　　　格值=

序号	刻度数/格	粒级范围/μm	比粒径 d	比粒径 d^2	颗粒数 n	面积含量比 nd^2	含量分布 $nd^2/\%$	累计含量 $\sum nd^2/\%$
1	64～32	1 280～640	16	256				
2	32～16	640～320	8	64				
3	16～8	320～160	4	16				
4	8～4	160～80	2	4				
5	4～2	80～40	1	1				
合计		1 280～40						

实验人员:　　　　　　　日期:　　　　　　　指导教师:

表 7-33-2 矿物工艺粒度测定结果(横尺线测法)

物镜：　　　　　　　　　目镜：　　　　　　　　　格值＝

序号	刻度数/格	粒级范围/μm	比粒径 d	颗粒数 n	含量比 nd	含量分布 nd/%	累计含量 $\sum nd$/%
1	64～32	1 792～896	16				
2	32～16	896～448	8				
3	16～8	448～224	4				
4	8～4	224～112	2				
5	4～2	112～56	1				
合计		1 792～56					

实验人员：＿＿＿＿＿＿　　日期：＿＿＿＿＿＿　　指导教师：＿＿＿＿＿＿

表 7-33-3 矿物工艺粒度测定结果(顺尺线测法)

物镜：　　　　　　　　　目镜：　　　　　　　　　格值＝

序号	刻度数/格	粒级范围/μm	比粒径 d	颗粒数 n	含量比 nd	含量分布 nd/%	累计含量 $\sum nd$/%
1	64～32	1 792～896	16				
2	32～16	896～448	8				
3	16～8	448～224	4				
4	8～4	224～112	2				
5	4～2	112～56	1				
合计		1 792～56					

实验人员：＿＿＿＿＿＿　　日期：＿＿＿＿＿＿　　指导教师：＿＿＿＿＿＿

表 7-33-4 矿物工艺粒度测定结果(点测法)

物镜：　　　　　　　　　目镜：　　　　　　　　　格值＝

序号	刻度数/格	粒级范围/μm	比粒径 d	颗粒数 n	含量分布 n/%	累计含量 $\sum n$/%
1	64～32	1 792～896	16			
2	32～16	896～448	8			
3	16～8	448～224	4			
4	8～4	224～112	2			
5	4～2	112～56	1			
合计		1 792～56				

实验人员：＿＿＿＿＿＿　　日期：＿＿＿＿＿＿　　指导教师：＿＿＿＿＿＿

六、实验报告
(1) 简述实验目的和实验原理。
(2) 阐述实验操作步骤,记录测量结果并计算。
(3) 完成思考题及实验小结。

七、思考题
(1) 矿物的嵌布粒度的概念是什么？在矿物分选中有何作用？
(2) 简述各种矿物嵌布粒度测量方法的优缺点及适用矿物的类型和特点。
(3) 嵌布粒度粗的矿物是否一定易选,而嵌布粒度细的矿物一定难选？为什么？

实验三十四　单体解离度测定实验

一、实验目的
(1) 强化理解单体解离度的概念；
(2) 掌握偏反光显微镜的使用方法；
(3) 掌握单体解离度的测定方法与过程。

二、实验原理
矿物单体解离度是指某矿物单体的含量与该矿物在样品中的总量(单体含量与连生体含量之和)之比,即

$$矿物单体解离度 = (矿物单体含量/矿物总量) \times 100\% \quad (7\text{-}34\text{-}1)$$

矿物单体解离度和嵌布粒度是决定了矿物分选难易程度和可能性大小的关键。

矿物经破碎后,有些矿物呈单体颗粒从矿石中的其他组成矿物中解离出来,这种单体矿物颗粒称为"某矿物单体"。由两种或两种以上的矿物连生在一起的颗粒叫"某-某矿物连生体"(如黄铜矿-闪锌矿连生体、方铅矿-闪锌矿连生体等),如图 7-34-1 所示。

矿物单体解离度是通过统计各种矿物单体数量和矿物总量(包括单体和连生体)按式(7-34-1)计算求出的。为了便于观察,通常将样品进行分级,并分别制成砂光片观测。在显微镜下观测各粒级的单体解离度。单体解离度的测量可采用实验三十三的横尺线测量法或横尺面测量法测出单体和连生体的个数,然后按线法(体积含量 $= nd/\sum nd$)或面测法(体积含量 $= nd^2/\sum nd^2$)计算样品中该矿物单体和连生体的体积含量,进而根据单体体积与总体积(单体体积 + 连生体体积)的比值,计算样品中该矿物的单体解离度。

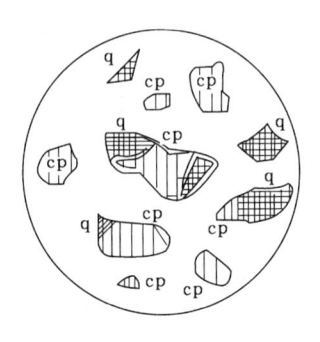

图 7-34-1 某选矿产品的黄铜矿单体(cp)、脉石单体(q)、黄铜矿-脉石连生体

为了定量描述连生体中有用矿物的含量,通常按照有用矿物在整个连生体颗粒中所占体积比(面积比)进一步将连生体分成几种类型:3/4、2/4、1/4,分别说明该矿物在某一颗粒中所占的比例。

如某一矿物某一粒级测定的单体和连生体的含量分布见表 7-34-1,则该矿物在此粒级中解离度为:$[503\div(503+28.5+16+19.5)]\times100\%=88.7\%$。

表 7-34-1 某一粒级某一矿物的含量分布

颗粒种类	单体颗粒数	连生体颗粒数		
		1/4	2/4	3/4
颗粒数	503	114	32	26
折算某矿物颗粒数	503×1=503	114×1/4=28.5	32×2/4=16	26×3/4=19.5

按照上述方法将各粒级的单体解离度全部测完,做某矿物全样单体解离度表。

三、仪器设备及材料

(1) 光学显微镜 1 台,需附有直线测微尺的目镜。

(2) 含有三至五种纯度较高的矿样(−100 网目大于 50%,所含矿物必须为晶态),粒度分别为 +0.295 mm、0.295~0.147 mm、0.147~0.074 mm、−0.074 mm,分别制成砂光片。

四、实验步骤与操作

(1) 首先通过肉眼观察,根据所学矿物知识大致判断待测矿样中的主要矿物有哪几种和各自含量高低。

(2) 横尺线测法:将某一粒级样品放置在载物台上,观察视域中各种矿物的分布情况,将目镜横尺横放,与测线垂直,对通过十字丝中心的颗粒借助于目镜测微尺进行垂直测线方向的测量,分别将各颗粒根据连生体的含量进行分类:单体、3/4、2/4、1/4,填入横尺线测法记录表 7-34-2 中。然后根据解离度的公式计算该粒级矿物的单体解离度。

依次将其他各粒级的样品采用同样的方法进行测量。

(3)横尺面测法:将某一粒级样品放置在载物台上,观察视域中各种矿物的分布情况,将目镜横尺横放,与测线垂直,利用载物台移动尺将砂光片按一定距离沿测线移动,使某一范围内颗粒逐渐通过测微尺。每当一个颗粒通过测微尺时,根据该颗粒刻度数中某一矿物所占的面积大小分别将各颗粒根据连生体的含量进行分类:单体、3/4、2/4、1/4,填入横尺面测法记录表 7-34-3 中。然后根据解离度的公式计算该粒级矿物的单体解离度。

依次将其他各粒级的样品采用同样的方法进行测量。

(4)将两种方法所测定的结果填于结果对比表中。

五、实验数据记录及整理

(1)将数据记录于表 7-34-2、表 7-34-3 中,并计算各种矿物的解离度。

(2)对各种方法所测得的矿物解离度进行对比(表 7-34-4),分析各种方法的优缺点。

表 7-34-2　各粒级矿物的含量分布

所测解离度的矿物:_____　　　　所采用方法:横尺线测法

粒级/mm	产率/%	单体颗粒数	连生体颗粒数			单体解离度/%
			1/4	2/4	3/4	折算单体颗粒数
全样	100.00					

表 7-34-3　各粒级矿物的含量分布

所测解离度的矿物:_____　　　　所采用方法:横尺面测法

粒级/mm	产率/%	单体颗粒数	连生体颗粒数			单体解离度/%
			1/4	2/4	3/4	折算单体颗粒数
全样	100.00					

表 7-34-4 各粒级矿物的解离度测定结果对比表

粒级 /mm	产率 /%	解离度/%		差值	可能原因分析
		横尺线测法	横尺面测法		

六、实验报告

(1) 简述实验目的和实验原理。

(2) 阐述实验操作步骤,记录测量结果并计算。

(3) 完成思考题及实验小结。

七、思考题

(1) 矿物解离度的概念是什么？在矿物分选中有何作用？

(2) 查阅相关资料,了解横尺线测法和横尺面测法所测结果的差异,试从原理和操作上进行说明。

(3) 选矿中的磨矿作业为什么要控制磨矿细度？试从解离度的变化解释选矿过程中粗磨、再磨、粗选、精选和扫选等各作业的作用。

附　录

附录A　实验报告编写提纲

(1) 简要介绍实验目的、基本原理(目的介绍尽量结合选煤选矿有关知识)。
(2) 介绍主要的实验步骤与操作(尽量用自己的语言描述,切勿照搬指导书)。
(3) 实验数据处理及实验现象的分析、解释(重点内容必须定量与定性结合、理论与实践结合)。
(4) 实验结论(有理、有据,注意逻辑性)。
(5) 实验小结(问题、感受、建议);
(6) 思考题解答(必答)。

说明:实验报告封面中日期、同组人姓名、实验名称和课程名称等必须填写完整。

附录B　在双坐标系下绘制分步释放浮选曲线图

1. 分步释放浮选曲线坐标系统建立

分步释放浮选实验数据如附表1所示。分步释放浮选曲线由3条曲线组成,分别是精煤产率-灰分曲线(β曲线)、尾煤产率-灰分曲线(γ曲线)及精煤产率-分选次数曲线(n曲线)。分步释放浮选曲线的坐标系如附图1所示,该坐标系是一个双X和双Y的坐标体系。设定X_1为灰分坐标轴,Y_1为精煤产率坐标轴,Y_2为尾煤产率坐标轴,X_2为分选次数坐标轴。则分步释放浮选曲线的3条曲线坐标系统分别为β曲线X_1Y_1坐标系,γ曲线X_1Y_2坐标系,n曲线X_2Y_1坐标系。

附表1　分步释放浮选实验结果及数据处理表

产品编号	分选次数	产率/%	灰分/%	精煤累计 产率/%	精煤累计 灰分/%	尾煤累计 产率/%	尾煤累计 灰分/%
1	5	23.20	5.33	23.20	5.33	100.00	19.36
2	4	14.43	7.42	37.63	6.13	76.80	23.60
3	3	13.92	8.50	51.55	6.77	62.37	27.34

附表1(续)

产品编号	分选次数	产率/%	灰分/%	精煤累计 产率/%	精煤累计 灰分/%	尾煤累计 产率/%	尾煤累计 灰分/%
4	2	15.98	11.80	67.53	7.96	48.45	32.75
5	1	18.90	23.50	86.43	11.36	32.47	43.06
6		13.57	70.31	100.00	19.36	13.57	70.31
计算入料		100.00	19.36				

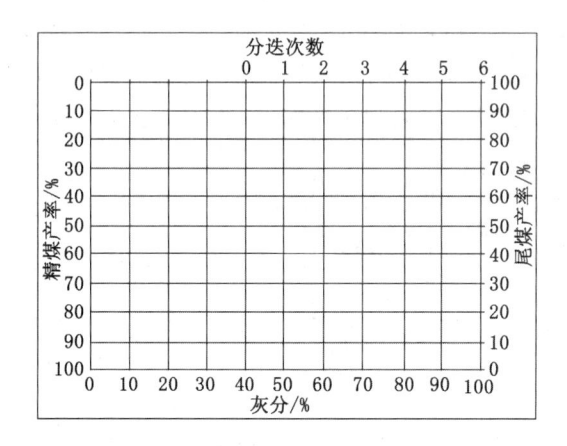

附图1 分步释放浮选曲线坐标系统

在Excel的图表中,曲线的坐标不能混用,即不能直接在 X_2Y_1 或 X_1Y_2 坐标系统中绘制曲线。因此,绘制 γ 曲线和 n 曲线时,必须通过坐标转换,将它们分别转换成 X_1Y_1 或 X_2Y_2 坐标系。坐标系转换公式为: $Y_1=100-Y_2$。

各条曲线各坐标系列计算如附表2所示。

附表2 分步释放浮选实验结果坐标转换数据处理表

产品编号	分选次数	精煤累计 灰分/%	精煤累计 产率1/%	精煤累计 产率2/%	尾煤累计 灰分/%	尾煤累计 产率1/%	尾煤累计 产率2/%
坐标轴	X_2	X_1	Y_1	Y_2	X_1	Y_2	Y_1
数据位置	I	II	III	IV	V	VI	VII
1	5	5.33	23.20	76.80	19.36	100.00	0.00
2	4	6.13	37.63	62.37	23.60	76.80	23.20
3	3	6.77	51.55	48.45	27.34	62.37	37.63
4	2	7.96	67.53	32.47	32.75	48.45	51.55

附表2(续)

产品编号	分选次数	精煤累计 灰分/%	精煤累计 产率1/%	精煤累计 产率2/%	尾煤累计 灰分/%	尾煤累计 产率1/%	尾煤累计 产率2/%
5	1	11.36	86.43	13.57	43.06	32.47	67.53
6		19.36	100.00	0	70.31	13.57	86.43

2. 分步释放浮选曲线的绘制

(1) 在主坐标系 X_1Y_1 绘制"精煤产率-灰分曲线(β曲线)"

① 插入散点图,选择数据

打开 Excel,"插入"带数据标记的平滑线散点图。

在图表空白区,右键"选择数据",弹出"选择数据源"对话框,设置如下:

a. "添加"系列名称"精煤产率-灰分曲线(β曲线)";

b. "X轴-Y轴"数据选取附表2中Ⅱ和Ⅲ列数据。

② 坐标轴设置

双击"Y_1 精煤产率轴",弹出"Y_1 轴坐标轴选项",设置如下:"边界-最大值"为100,"单位-主要"为10,"横坐标轴交叉"设置为"最大坐标轴值",选择"逆序刻度值"。

双击"X_1 灰分轴",弹出"X_1 轴坐标轴选项",设置如下:"边界-最大值"为100,"单位-主要"为10。

至此,在 X_1Y_1 坐标系中完成精煤产率-灰分曲线(β曲线)的绘制,如附图2所示。

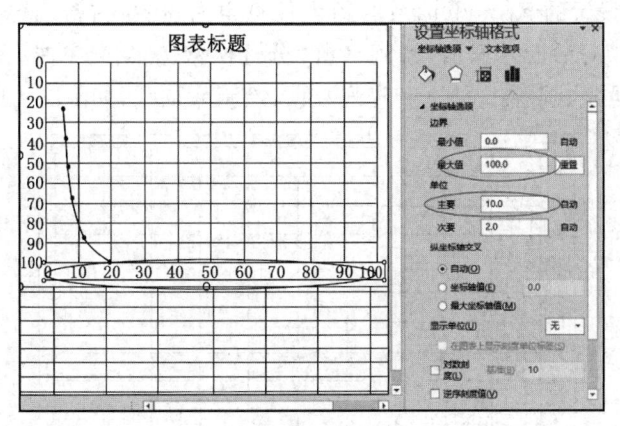

附图2 在 X_1Y_1 坐标系绘制 β 曲线

(2) 在主坐标系 X_1Y_1 绘制"尾煤产率-灰分曲线(γ曲线)"

在已设置的 X_1Y_1 坐标系图表中任意空白位置,右键"选择数据",弹出"选择数据源"对话框,"添加"系列名称"尾煤产率-灰分曲线（γ 曲线）""X 轴-Y 轴"数据选取附表 2 的 Ⅴ 和 Ⅶ 列数据,即绘制得到尾煤产率-灰分曲线（γ 曲线）,如附图 3 所示。

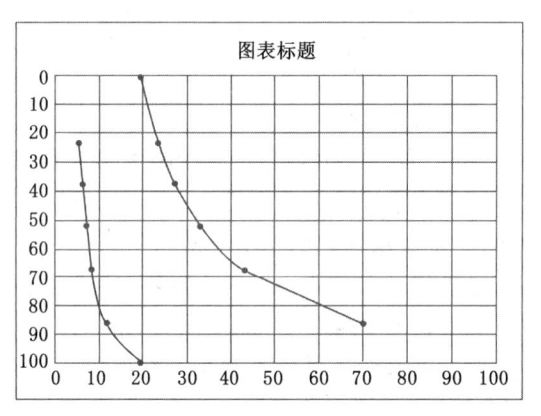

附图 3 在 X_1Y_1 坐标系绘制 γ 曲线

(3) 在主坐标系 X_2Y_2 绘制"精煤产率-分选次数曲线（n 曲线）"

在主坐标系 X_1Y_1 进行绘制,然后通过坐标转换,最终得到 X_2Y_2 坐标系中 n 曲线。由于 n 曲线是描述 X_2Y_2 坐标系中分选次数与精煤产率关系的曲线,所以,选择附表 2 中精煤产率在 Y_2 轴的数据列进行绘图,使得 X_2Y_2 坐标系中描述的数据关系与 X_2Y_1 坐标系中描述的分选次数与精煤产率的关系一致。

① 在已设置的 X_1Y_1 坐标系的图表任意空白位置,右键"选择数据",弹出"选择数据源"对话框,"添加"系列名称"分选次数-精煤产率曲线（n 曲线）""X 轴-Y 轴"数据选取附表 2 的 Ⅰ 和 Ⅳ 列数据,绘制 n′曲线,如附图 4 所示。

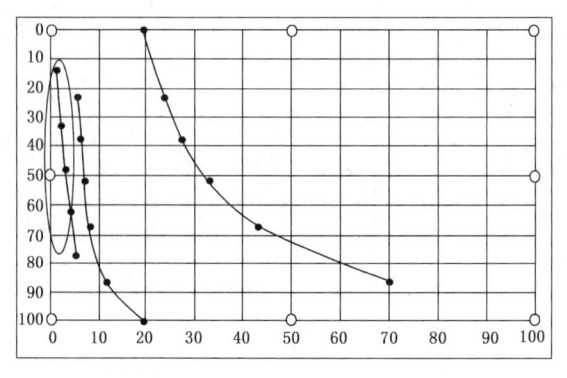

附图 4 在 X_1Y_1 坐标系绘制 n′曲线

② 建立 X_2Y_2 坐标系。

a. 建立次纵坐标轴 Y_2

选中曲线 n′,弹出"系列选项"(附图 5),选择"次坐标轴",次纵坐标轴 Y_2 在右侧建立完成。

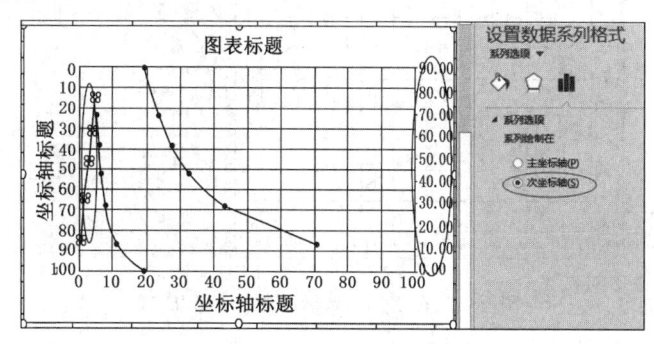

附图 5　建立次纵坐标轴 Y_2

b. 建立次横坐标轴 X_2

点击图表右上侧"+",选择"坐标轴"中"次要横坐标轴",则次横坐标轴在图表上部建立完成,如附图 6 所示。

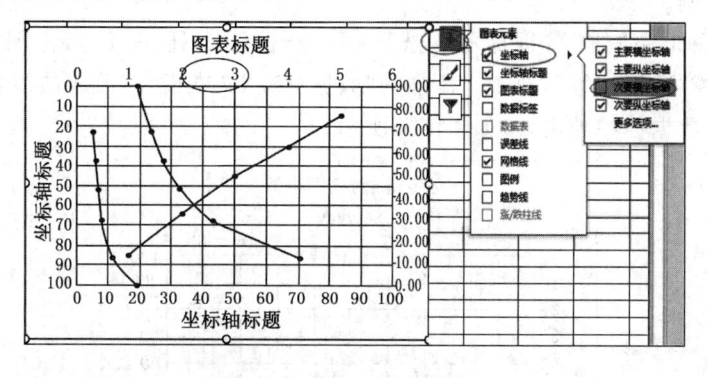

附图 6　建立次横坐标轴 X_2

c. 根据曲线绘制要求设置次坐标系 X_2Y_2

选中 Y_2 坐标,在"坐标轴选项"中,最大值设置为 100。

选中 X_2 坐标,在"坐标轴选项"中,最小值设置为 −4,最大值设置为 6;"数字-格式代码"设置为"G/通用格式;;0",选择"添加","数字-类型"选择"自定义-G/通用格式;;0",X_2 坐标轴上隐藏负数显示,最终得到 X_2Y_2 坐标系中的 n 曲线,如附图 7 所示。

③ 格式设置,最终得到分步释放浮选曲线图

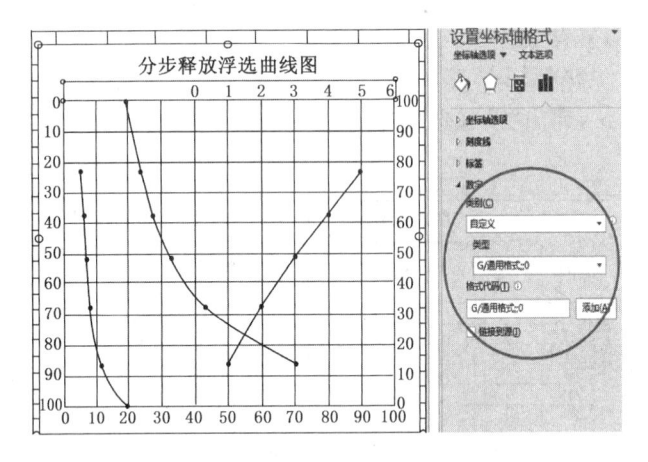

附图7 在 X_2Y_2 坐标系中绘制 n 曲线

a. 添加主次坐标轴标题：点击图表右上侧"＋"，选择"坐标轴标题"，建立四个坐标轴标题，X 主坐标轴"灰分,％"，X 次坐标轴"分选次数"，Y 主坐标轴"精煤产率,％"，Y 次坐标轴"尾煤产率,％"。

b. 设置底部显示图例：点击图表右上侧"＋"，选择"图例-底部"，即显示三条曲线图例。

c. 添加各曲线"数据标签"：选取任一条曲线上任一点，点击图表右上侧"＋"，选择"数据标签"，双击已添加的"数据标签"文本框，修改为曲线名称，完成三条曲线数据标签的设置，如附图 8 所示。

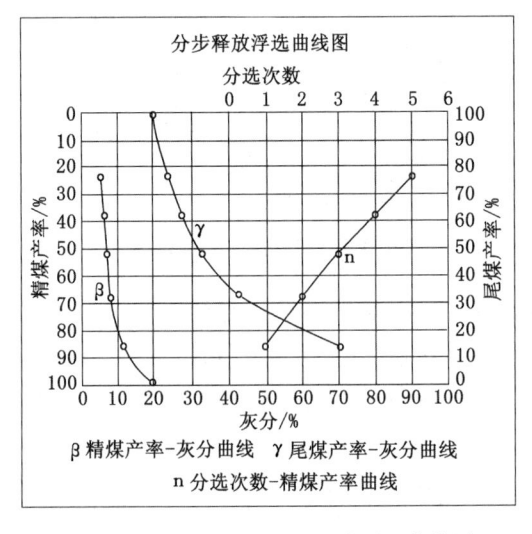

附图 8 双坐标系下分步释放浮选曲线图

此方法适用于浮沉实验可选性曲线、浮选速度实验煤泥可浮性曲线的绘制。

附录C 磁铁矿反浮选实验药剂配制及使用

1. 铵类阳离子捕收剂的配制

(1) 称取十二胺20 g,量取5 mL浓盐酸,混合均匀,倒入70 ℃左右热水,不断搅拌,直至溶液澄清。

(2) 将溶液全部转移至1 000 mL容量瓶中,定容即得到浓度2%(g/mL)的十二胺阳离子捕收剂。

注意:浓盐酸与十二胺混合时会释放热量并有刺激性气味,配制时应在通风环境下进行。

2. 阴离子捕收剂、抑制剂、pH调整剂的制备

采取阴离子捕收剂反浮选活化后的石英,需要使用四种药剂:阴离子捕收剂、抑制剂、活化剂及pH调整剂。

(1) 阴离子捕收剂油酸钠的制备

① 称取50 g油酸液体,用去离子水导入500 mL容量瓶中,放入95 ℃的水浴中,磁力搅拌成油乳状。

② 称取7.5 g氢氧化钠,溶解后导入容量瓶中。

③ 将容量瓶放入95 ℃水浴中反应1 h。注意随着反应的进行,调整磁子搅拌力度,防止皂化反应不均匀导致局部凝固成块。

④ 反应结束后,冷却至室温,加入去离子水定容,上下晃动混合均匀,即得到10%(g/mL)的油酸钠阴离子捕收剂。

⑤ 油酸钠的使用:将配好的油酸钠溶液倒入250 mL烧杯中,保持水浴温度45 ℃左右使用。

(2) 抑制剂淀粉溶液的制备

① 取30 g玉米淀粉,放入250 mL烧杯中,加入去离子水150 mL,用玻璃棒搅拌成淀粉悬浊液。

② 将淀粉悬浊液全部导入1 000 mL的容量瓶中。

③ 称取1.2 g氢氧化钠,加去离子水搅拌溶解。

④ 将溶解的氢氧化钠溶液全部导入容量瓶中。

⑤ 容量瓶中放一枚磁棒,补加一定量离子水,放入90～95 ℃的水浴中,打开磁力搅拌,防止反应过程中淀粉沉淀。

⑥ 加热反应1 h,为保证反映充分进行,反应过程中不断晃动容量瓶。

⑦ 反应结束,冷却至室温,用去离子水定容至1 000 mL,摇晃均匀即得到浓

度3%(g/mL)的苛化淀粉溶液。

⑧ 淀粉溶液的使用:将配好的淀粉溶液倒入500 mL烧杯中,保持水浴温度45 ℃左右使用。

(3) pH调整剂的配制

称取100 g氢氧化钠固体粉末,加入一定量去离子水溶解,倒入1 000 mL容量瓶中,用去离子水定容至1 000 mL,混合均匀即得到浓度10%(g/mL)的氢氧化钠溶液。

(4) 活化剂氧化钙的使用

氧化钙根据实验需要称取相应质量,按照实验操作要求直接加入矿浆中。

参 考 文 献

[1] 龚明光.泡沫浮选[M].北京:冶金工业出版社,2007.

[2] 胡海祥.矿物加工实验理论与方法[M].北京:冶金工业出版社,2012.

[3] 李延锋.矿物加工实验[M].徐州:中国矿业大学出版社,2016.

[4] 刘炯天,樊民强.试验研究方法[M].徐州:中国矿业大学出版社,2006.

[5] 吕宪俊.工艺矿物学[M].长沙:中南大学出版社,2011.

[6] 煤炭科学研究总院.煤炭可浮性评定方法:MT 259—1991[S].北京:中国标准出版社,1992.

[7] 煤炭科学研究总院.选煤厂煤泥过滤性测定方法:MT 260—1991[S].北京:中国标准出版社,1992.

[8] 全国煤炭标准化技术委员会.煤的发热量测定方法:GB/T 213—2008[S].北京:中国标准出版社,2009.

[9] 全国煤炭标准化技术委员会.煤的工业分析方法:GB/T 212—2008[S].北京:中国标准出版社,2008.

[10] 全国煤炭标准化技术委员会.煤粉(泥)实验室单元浮选试验方法:GB/T 4757—2013[S].北京:中国标准出版社,2014.

[11] 全国煤炭标准化技术委员会.煤炭浮沉试验方法:GB/T 478—2008[S].北京:中国标准出版社,2008.

[12] 全国煤炭标准化技术委员会.煤炭筛分试验方法:GB/T 477—2008[S].北京:中国标准出版社,2009.

[13] 全国煤炭标准化技术委员会.煤样的制备方法:GB/T 474—2008[S].北京:中国标准出版社,2009.

[14] 全国煤炭标准化技术委员会.煤中全硫的测定方法:GB/T 214—2007[S].北京:中国标准出版社,2008.

[15] 全国煤炭标准化技术委员会.煤中全水分的测定方法:GB/T 211—2017[S].北京:中国标准出版社,2017.

[16] 全国煤炭标准化技术委员会.商品煤样人工采取方法:GB/T 475—2008[S].北京:中国标准出版社,2009.

[17] 全国煤炭标准化技术委员会.选煤厂浮选工艺效果评定方法:GB/T 34164—2017[S].北京:中国标准出版社,2017.

[18] 全国煤炭标准化技术委员会.选煤实验室分步释放浮选试验方法:GB/T 36167—2018[S].北京:中国标准出版社,2018.
[19] 吴大为.浮游选煤技术[M].徐州:中国矿业大学出版社,2004.
[20] 谢广元.选矿学[M].3版.徐州:中国矿业大学出版社,2016.
[21] 许占贤,周振英.选煤试验[M].北京:煤炭工业出版社,1994.
[22]《选煤标准使用手册》编委会.选煤标准使用手册[M].北京:中国标准出版社,1999.
[23] 杨家文.碎矿与磨矿技术[M].北京:冶金工业出版社,2006.
[24] 张双全.煤化学实验[M].徐州:中国矿业大学出版社,2010.